# 人一旦开了窍，人生就开了挂

老杨的猫头鹰 著

北京联合出版公司
Beijing United Publishing Co.,Ltd

一旦开了窍，
人生就开了挂

本书是用来鞭策自己的，
　不能用于挑剔别人。
本书是用来配合行动的，
　无法代替行动。

成熟的重要标志是拥有翻篇的能力。
有时候是用眼泪一通乱翻,有时候是用演技硬翻,还有时候是用好吃的狂翻,翻着翻着,人生、脸皮和肚皮就都有了厚度。

人和人之间没有"突然",他想好了才会来,他想清楚了就会走。
没有谁会"为了你好"而离开你,他们走或者留,都是为了他们自己。

当你站出来维护自己的时候,
你并不会失去真正的朋友、真正的机会和真正的情谊,
你失去的只是爱占便宜的人、喜欢操控的人和无比自恋的人。

望周知，我在你面前主动变成"软柿子"，
是想让你尝一口甜，而不是让你捏的。

韭菜到老都不明白，割它的镰刀，与对它悉心耕耘的人有什么相干；
猪到死也不明白，宰它的人，和给它一日三餐的人是什么关系。

不要瞧不上另一半挑选的东西，
你也不过是其中之一。

什么叫"理想主义"?就是不要"理"别人的七嘴八舌,
自己"想"怎么活就怎么活,自己的事情自己做"主",
人生的意"义"由自己定夺。

如果你身边总是有很多异性想要撩你，
请你不要窃喜，以为自己很有魅力，倒是可以反省一下：
到底是哪里做得不够好，才会让那么多人觉得配得上你。

不管你是单身、未婚，还是已婚，希望你能记住这 3 点：
1. 对方怎么样很重要，对方的家人怎么样同样很重要；
2. 选择一个对你好的人很重要，他本身就是很好的人更重要；
3. 爱你很重要，挺你更重要。

遇到无法沟通的人，不用绞尽脑汁非说服对方不可，
毕竟你没有义务去教育一个傻子。
但如果有一天，你发现自己在社交软件上所向披靡，
请记得反思一下："会不会是因为别人觉得我是个傻子，所以懒得理我？"

并不是动手打人才算暴力。

暴力还包括：打断你说话，嘲笑你没做成某件事，

肆无忌惮地拿你和别人做比较，以及让你觉得自己不配拥有更好的人生。

处理人际关系的三个原则：

用"关你什么事、关我什么事"的原则来处理跟大多数人的关系；

用"有求才应，不求不应"的原则来处理跟少数亲密的人的关系；

用"一个人活色生香，两个人相得益彰"的原则来处理跟恋人的关系。

# 前言
preface

为什么人一旦开了窍，就会变得非常厉害？

因为人一旦开了窍，他在精神上就没有内耗，他的能量就没有损耗，他就可以用满格的能量和顶配的心态，去做他想做的事，过他想过的生活，成为他想成为的人。

那么你呢？

你觉得自己就像一头眼前挂着胡萝卜的驴，每天转着圈地拉磨，为一个很可能得不到或者得到了也不会怎么样的东西而累死累活，但你又不能停下来，因为停下来可能会被做成驴肉馅儿的饺子。

你觉得自己活得就像一座漂在人海里的孤岛，不知道被什么束缚着，但是很想挣脱；不知道要去哪里，但是此时已经在路上了；不知道人生的意义是什么，但是很想让人知道："我在他乡挺好的。"

你很有压力，但没有动力，你焦虑的灵魂被一个拒绝行动的身体困住了。你的内心在尖叫，但从表面上看，你只是在安静地吃着薯条。

你不甘心往下沉，但又没办法上岸，你向往自由的灵魂被生活拴在了方寸之地。岁月在催你变老，责任在催你挣钱，你站在清醒与麻木的边缘，不敢堕落，也不能解脱。

你想用"比上不足，比下有余"来安慰自己，结果却发现，比上确实是不足，但比下也没余什么。

你盼着用远方来治愈自己，但去了才发现，远方不是澡堂子，根本洗涤不了自己的心灵。

你听了别人的劝，不再为小事烦恼，有空就去跑步，结果却发现，自己的身体状况比心理状况还要糟糕。

情绪好的时候，你宽慰自己说，"即便过了30岁，我还是个小孩子，黄土才埋到肚脐眼"。

可是一遇到不喜欢的人，一做不喜欢的事，你瞬间就感觉，疲惫已经淹到了鼻子尖。

白天的时候，你跟违心的"哈哈哈"、浑水摸的鱼、老板画的饼和同事甩的锅，拼在一个名叫生活的盘子里。

到了晚上，你跟自己无处安放的野心、一天到晚什么都没做的懊悔、频频打脸的誓言和不断浪费的才华，挤在同一张床上辗转难眠。

你很累了，但是睡不着；夜很深了，但不知道自己在熬什么。日子过得就像一个已经笑过一次的笑话，就像一瓶跑光了气的可乐。

你乐观不起来，但没有勇气破罐子破摔；你的身体在假装无所谓，你的灵魂却绷得紧紧的。你活得就像一个上了年纪的年轻人，就像一只夜里突然被灯光照到的兔子。

单身的你，有钱时败家，没钱时拜神。求姻缘的菩萨你看都不看，却在财神殿里长跪不起。

看到别人晒出满分恋人的时候，你又恨不得去私信人家："你好呀，请问一下，头朝哪个方向磕，才能有这样的好运气？"

工作上，别人是，干一行，爱一行，钻一行就行一行，结果是三百六十行，行行出状元。

而你是，干一行，恨一行，干着新行想旧行，结果是三百六十行，行行都骂娘。

婚姻里，婚前唱的是："我希望，最初是你，后来是你，最终也是你。"
婚后听到的却是："我希望，洗碗是你，赚钱是你，辅导作业还是你。"

全家人的希望都在你身上，但你不知道自己的希望在哪里。所以你，没有热情也得热气腾腾，没有野心也得野心勃勃。

一切看起来似乎很正常，但只有你自己知道，"我快要碎了"。

你背负着一成不变的生活，期待着总会改变的明天；过去和未来在两头同时向你施压，你根本就没办法活在当下。

讲过去像是在卖惨，说未来像是在白日做梦，谈论现在又像是当局者迷。

那么，一个开窍的人又会有哪些表现呢？

他不会总是把"没钱、没空"挂在嘴边。有能力，就去看山河大地；力不能及，就去看小鸡啄米。

他不会总是把"这有什么用、这有什么意义"搁在心上。如果道路本身很美，不必问它通往何方。

他不会总是把"性格不好、过得很糟"全都归咎于原生家庭。如果他不是来自一个幸福的家庭，那么他就会争取让一个幸福的家庭是来自他的。

他会尊重所有人，但不把任何人看得太重——就算是自己喜欢的人、爱戴的长辈、灵魂伴侣——不好意思，他们所有人加起来，都没有自己重要。

他会继续努力，但不会着急。因为他努力的目的不是追上谁或者赢过谁，而是为了换取自由，包括但不限于：选择的自由、拒绝的自由、保持本色的自由。

他知道，并不是维护自己就会失去朋友。事实上，当他站出来维护自己的时候，他并不会失去真正的朋友、真正的机会和真正的情谊，失去的只是爱占便宜的人、喜欢操控的人和无比自恋的人。

他知道，并不是动手打人才算暴力。事实上，暴力还包括打断自己说话，嘲笑自己没做成某件事，肆无忌惮地拿自己和别人做比较，以及让自己觉得不配拥有更好的人生。

他知道，并不是让别人舒服就叫情商高。事实上，情商高的前提是自己也没吃亏，如果只是让别人舒服，而自己很痛苦、很纠结，那不叫情商高，那叫"傻"，真正健康的关系不需要背叛自己。

他知道，并不是爱了就一定要在一起。事实上，自己可以在很爱一个人的同时，依然选择和那个人说再见；也可以在很想念一个人的同时，依然庆幸那个人再也不会出现在自己的生命里。

他不会慌。花开时，就开出花的灿烂；花谢时，就保持树的风骨。

他不会等。一直停在原地的话，麻的不是腿，而是脑子。

他不会违心地活着。如果不按自己喜欢的方式去生活，那么灵魂每天都会喊疼。

看到有人贩卖焦虑，他会提醒自己"不要拿别人的地图找自己的路"。因为他知道人生没有标准答案。有的人住在豪宅里却活得像终身逃亡，有的人居无定所却过着安定的生活；有的家庭坐拥大把金钱却把日子折腾得乱七八糟，有的家庭用几根面条就足以撑起热气腾腾的日子。

为某事纠结时，他会提醒自己"要学会翻篇"。因为他明白，太在意一件事，会让它变成一堆巨大的、纠缠在一起的藤蔓，让自己很难脱身；而若不在意，它顶多是绺打了结的头发丝，一梳就顺了。

遇到了厉害的人，他会提醒自己"不要装"。因为他很清楚，但凡跟自己段位差不多或者段位更高的人，一眼就能看出自己到底有几斤几两。

有人对他的选择说三道四，他会提醒自己"没必要向不重要的人证明什么"。因为他知道，不被理解才是正常的。不是非得别人理解，才能证明自己的决定是正确的；不是非得别人认同，才能证明自己的行为是合理的。

对于尚未发生的事情，他会提醒自己"没必要提前操心"。因为他知道，提前期待就像是点名的时候说"没来的请举手"，提前操心就相当于"还没受伤，你就喊痛"。

对现状不满时，他会提醒自己"不要抱怨"。因为他知道，想要更好的生活，就要让生活看到更好的自己。

既然已经来到这个世界，那就争取活得尽兴一点，通透一点，洒脱一点。

希望你以自己的方式活在这世上，而不受到"一个女孩子就该……""一个男孩子就该……""一个小朋友就得……""一个成年人理应……"这类言论的影响。

祝你开心，不是一脸平静地发着"哈哈哈"的那种开心，而是"不管做什么，都是因为开心才去做"的那种开心。

祝你放松，不是实现了财务自由或者身居高位才能有的那种放松，而是"切换到玩家心态，游戏我入局了，过程我尽兴了，结果怎么样都行"的那种放松。

祝你自由，不是"想做什么，就做什么"的那种自由，而是"不想做，就可以不做"的那种自由。

祝你安宁，不是戴着面具装出来的那种安宁，而是"接受了自己的笨拙、脆弱和暂时落后，却依然自尊、自爱、悄悄努力"的那种安宁。

祝你在成为一个井井有条的大人之前，多拥有一些精神上的肆意妄为，也祝你在不动声色的日子里，多收获几次心灵上的同频共振。

祝你一年比一年通透，也祝你一年比一年自由。

老杨

2023 年 6 月 15 日 于辽宁沈阳

# 目录
content

### 第一部分
**PART 1 / 什么样的结局才配得上这一路的颠沛流离?**

1. 积极的心理暗示:
   当你快撑不住的时候,困难也快撑不住了　　**002**

2. 做人要有一点匪气:
   学会不要脸之后,人生就像开了挂一样　　**014**

3. 抱怨是毒药:
   没有人能随心所欲地活着,抱怨只会显得你的演技很差　　**025**

4. 人生的意义:
   如果道路本身很美,不要问它通往何方　　**035**

5. 把自己当回事:
   没有实力地对别人好,很容易被定义为"讨好"　　**044**

第二部分
## PART 2 / 为什么爱会伤人?

6. 婚姻的本质:
   不要瞧不上另一半挑选的东西,你也不过是其中之一  **056**

7. 不要和不爱你的人比心狠:
   人人都在嘲笑癞蛤蟆,却无人谴责假天鹅  **070**

8. 父母存在的意义:
   没有任何一个玩具,可以填补父母不在身边时的空白  **080**

9. 翻篇的能力:
   拎着垃圾走太远的路,只会害你错过很多礼物  **096**

10. 有话直说:
    打直球的人永远充满魅力,也永远掌握主动权  **107**

第三部分
## PART 3 / 困住你的到底是什么?

11. 认知是一个人成长的天花板:
    世界并非双眼所见,因为眼睛不会思考  **120**

12. 缺失的死亡教育:
    活着之所以很有意思,是因为人都会死  **132**

13. 你不知道你不知道:
    傲慢来自偏见,偏见来自无知  **144**

14. 人只能赚到自己认知范围之内的钱:
    一夜暴富这种需求,通常只有骗子才能满足  **156**

15. 请警惕你的弱者思维:
    既然参与了竞争,就不要同情弱者  **166**

## 第四部分
## PART 4 / 为什么说永远不要考验人性？

16. 东西不属于你的时候最上头：
    你因为欲望而在世上受的苦，不要算在命运的头上　　**178**

17. 小心人性：了解了人性，你就不会轻易说人间不值得　　**190**

18. 当心异性：学历可以过滤学渣，但过滤不了人渣　　**202**

19. 做一个情绪稳定的大人：
    理直请不要气壮，得理也可以饶人　　**211**

20. 最好的礼貌是少管闲事：
    你说服我没有意义，我对说服你也不感兴趣　　**223**

21. 人生拼的是教养：
    你能好，一定是有很多人希望你好　　**234**

## 第五部分
## PART 5 / 上香和上进有冲突吗？

22. 杀死拖延症：
    你可以摸鱼，但不能真的菜　　**244**

23. 永远不要赞美苦难：
    我们磨炼意志，只是因为苦难无法躲避　　**256**

24. 收藏夹的意义：
    你在朋友圈里又佛又丧，却在收藏夹里天天向上　　**265**

25. 拯救你的专注力：
    任何消耗你的人和事，多看一眼都是你的不对　　**273**

26. 凡事发生皆有利于我：
    允许一切如其所是，也允许一切事与愿违　　**283**

# PART 1
第一部分

## 什么样的结局才配得上这一路的颠沛流离？

　　站起来用一甩胳膊总比一直托着下巴要好,喝一口可乐总比滴水不沾要好,吃一根雪糕总比空着肚子要好,用凉水洗把脸总比蓬头垢面要好,起床伸个懒腰总比一直躺在床上要好,打开相机随便拍点什么总比皱着眉头发一天呆要好。

　　如果你没有足够的精气神去做正事,做一些无关紧要的小事总比什么都不做要好;如果你没有足够的力量逆流而上,尽量漂浮在水面上总比被淹没要好。

## 1. 积极的心理暗示：
   当你快撑不住的时候，困难也快撑不住了

Q：如何度过人生的低谷期？

·1·

我有一个非常好用的"咒语"，每当我想打退堂鼓的时候，就会念上几遍——"这有什么难的"。

比如，跟老板谈涨薪，"这有什么难的"；跟喜欢的人表白，"这有什么难的"；回绝某个人的无理请求，"这有什么难的"；主动跟人打招呼，"这有什么难的"。

念了几遍之后，胆子马上就能变肥，脸皮变得比鞋底还厚。

我还有一个非常管用的"绝招"，每当我遇到麻烦的时候，就会搬出来用——"给糟糕的事情取一个好听的名字"。

比如，被老板吼了，我就叫它"如沐春风"；翻书的时候手指被纸划破了，我就叫它"看书的福利"；赶上堵车了，我就叫它"四海升平"；被人放鸽子了，我就叫它"皆大欢喜"。

因为我明白，我肯定会被自己有限的见识困住，被有限的能力束缚，被长久以来的偏见操控，我挣脱不掉自身的局限性，但是，这并不影响我在受挫时能够冲着镜子里的自己微笑，然后像整理领结一样整理自己的挫败感。

因为我很清楚，如果这个问题能解决，那有什么好焦虑的？如果这个问题不能解决，那焦虑又有什么用？

因为我知道，意外是难免的，受伤是常有的，迷茫和焦虑也是很正常的，但这个世界上还有很多我喜欢的、我在意的、我想守护的人和事，所以我必须像个扛揍的拳手一样，坚定地站在擂台上，去挨揍，去反击；或者像个不倒翁一样，不是不倒，而是倒下去之后，还要站起来。

生而为人，要有在局面胶着时不对胜负下结论的坚韧，要有在迷茫沮丧时不对自己下结论的定力，要有在苦楚绝望时不对世界下结论的操守。

我想提醒你的是，我们真正要学会的，也许从来都不是如何上岸，而是如何在这风雨里度过一生。

你自己不倒，别人推都推不倒；你自己不起来，别人拉都拉不起来。

**命运这家伙，既刻薄又仁慈。刻薄在于，只要你还活着，它就让你麻烦不断；仁慈在于，只要你还在往前走，它总会给你条路。**

就像是，你不幸跌落悬崖，腿却幸运地被藤蔓缠住了，你悬在半空中，下面有猛虎在张嘴等着你，上面有豺狼在冲着你咆哮。除了没用地喊"救命"，你还可以环顾四周，顺便欣赏悬崖下的风景。然后，你会惊喜地发现，"咦，旁边居然有红色的浆果，摘下来尝尝吧——哇，居然很甜"。

站起来甩一甩胳膊总比一直托着下巴要好，喝一口可乐总比滴水不沾要好，吃一根雪糕总比空着肚子要好，用凉水洗把脸总比蓬头垢面要好，起床伸个懒腰总比一直躺在床上要好，打开相机随便拍点什么总比皱着眉头发一天呆要好。

如果你没有足够的精气神去做正事，做一些无关紧要的小事总比什么都不做要好；如果你没有足够的力量逆流而上，尽量漂浮在水面上总比被淹没要好。

**事情总是会好起来的，没有变得更坏就是在好起来。**

·2·

在武侠小说里，主人公总是能够幸运地获得一本藏在山洞里的、由某位前辈用毕生所学总结出的武功秘籍，然后他便可以在几天或者几个月的时间内成为一代宗师，从此开启了"开挂"的人生。

而在现实生活中，你也可以非常"幸运"地刷到一位"才华横溢"的导师，然后你会在几秒钟的时间内花掉几百甚至几千元的买课钱，成了一棵绿油油的韭菜。

是的，对于一个事物、一个行业、一份工作，如果你没有充分的认识，没有自己独到的优势，甚至连入门条件都不满足，那么就算别人把心得体会、做事的方式方法毫无保留地告诉你，你也照样不得要领。就好比说，即便是语言专家，也没办法让一个十个月大的宝宝讲流利的中国话。

事实上，没有人能把你教好，时间、经历、老师都只是陪衬，真正能让你变好的，是你坚定的意志、踏实的努力、积极的心态，以及从不停止的自我修正。

不要妄图跳过播种、施肥、浇水的漫长过程，直接就想收获鲜花和果实；也不要误以为只要播种、施肥、浇水了，就必须得到鲜花和果实。

很多时候，不是你做了什么，就必须得到什么，而是只有你做了什么，才有可能得到什么。

不是拼命对一个人好，就一定可以拥有美好的爱情；不是耐心地熬到37岁，就一定能升为部门经理；不是拥有规律的作息，就一定可以像某博主那样又美又飒。

恋爱能不能顺利，不在于你对别人好不好，而在于你自身优秀不优秀；能不能升职加薪，不在于你在这个岗位上待了多久，而在于你自身的实力配不配；活得飒不飒，不在于你几点睡觉、几点起床，而在于你内心的原则坚定不坚定。

我的建议是，迷茫焦虑的时候，不要总想着一下子就走出迷雾，只要鼓励自己继续往前走就好。

艰难的时候，不要总想着遥不可及的将来，只要鼓励自己"过好今天"就行。

情况糟糕的时候，不要总想着自己马上就能脱胎换骨，每天能有 1% 的改变就很好了。

越是迫切想要的东西，就越要慢慢地靠近它；越是重要的路程，就越要慢慢地走完；而不是一开始用力过猛，结果把本就不多的耐心、毅力、热情都耗光了。

**改变命运的不是某一分钟，而是每一分钟。**

所以，不要被"想象出来的困难"打败。事实上，很多事情都需要长时间去尝试、积累、碰壁、破局，你才有可能知道"对不对、好不好、能不能、合不合适"。

不要让后悔成为你的习惯。该学的课程，你觉得无聊，没有好好听讲，结果别人认真学了，代表学校去参加比赛；该参加的活动，你觉得麻烦，没有准备，结果别人去了，竟然得了大奖；该表白的时候，你碍于面子，没有开口，结果别人捷足先登，竟然喜结良缘。多可惜呀！

不要让"不好意思"害了你。你不好意思向心仪的人表白，结果那个人跟别人好上了；你不好意思找客户，结果客户在别人那里下单了；你不好意思认错，结果心心念念的人变成了陌生人。凡是让你觉得应该去做的事，都要马上去做，否则，时间会把你的机会和运气一键清零。

不要陷入消极的情绪里无法自拔。就算这次考试没考好、这段感情没谈好、这个任务没做好，它们都已经是过去时了，下一次考试马上就要开始了，下一段感情也快来了，下一个任务已经逼近了。不管你有没有做好准备，它们都会准时"杀"到你面前。没有哪个"敌人"会因为你没有准备好而放慢进攻的节奏。

不要那么频繁地更换赛道。一个人要想从一个圈子里脱颖而出，或者想在一个行业里扎根，就要把自己的优势发挥到极致，而不是焦虑地左顾右盼，频繁地从头再来。如果把眼光放到未来 3 年内，你会发现和你同台竞技的人很多；但如果你的目光能放到未来 10 年后，那么可以和你竞争的人就很少了。

不要因为讨厌一个人就摆烂，不要因为讨厌一件事情就选择应付。你要专注于解决你的问题，而不是和问题纠缠——不追问"他怎么是那样的人"，也不沉溺于"凭什么是他"，更别被"万一不行呢"吓住了，而是要想清楚"我到底想要什么"和"我接下来该做什么"，然后马不停蹄地去做。

**你可以焦虑、迷茫，但这和你做好手头上的事情并不矛盾；你可以烦一个人、讨厌这个世界，但这和你努力往上爬并不冲突。**

·3·

莫高窟里的壁画和佛像不是什么能工巧匠设计和雕刻出来的，而是由普通的工匠一笔一刀地雕刻而来的，前前后后用了一千多年的时间。

这代表着典型的"长期主义"。所有的长期主义者都有三大特征：一、注重打造自己的长板；二、拥有一个长远的目标；三、坦然地活在当下。

所谓"打造长板"，就是在你所有的衣服里，至少有一套是穿得出去的；就是在你所有的能耐中，至少有一样是拿得出手的；就是把你喜欢的事情做到擅长，把你擅长的事情做到专业，把你专业的事情做到顶尖，直到这个本事变成你的核心竞争力。

所谓"长远目标"，就是你知道自己想要的是什么，也知道自己不需要什么。所以，你不会以交差的态度去做分内的事情，不会乱用情绪去对抗暂时的糟糕局面，不会违背原则去做将来会让自己后悔的选择，不会轻易被眼前的小利益所诱惑。

所谓"活在当下"，就是不对尚未开始的事情提前感到拧巴，不对正在做的事情泼冷水，不对已经结束的事情耿耿于怀；就是即便知道"努力可能没什么用"，也依然提醒自己"务必竭尽全力"；就是即便相信"失败在所难免"，也依然抱着"非成功不可"的决心；就是即便真的觉得"一切都是命中注定"，也依然在很多事情上选择"相信自己"。

一步是跑不完马拉松的，一口是吃不成胖子的，一个晚上也是瘦不成闪电的。

怕就怕，你并不相信速成，但是总想寻找捷径。

比如，大部头的专著你"啃"不完，所以特别喜欢"一篇文章讲透经济学""5 分钟说完中国史"；又如 2000 字的经验分享你也读不下去，所以特别期待有人总结出 200 字甚至是 20 字的箴言。

你知道这种"一块钱三张的狗皮膏药"根本不好用，但你还是买了，因为这种"我努力过"的错觉会给你安慰。结果是，你在一次次的自我安慰中沉沦。

我想提醒你的是，一夜成名其实需要成千上万个夜晚，一塌糊涂也是。

再遥不可及的目标，如果除以 N 年，再拆成 365 份，也都是一些力所能及的小事；再微不足道的小事，如果乘以 365 天，再乘以 N 年，也都能成为大事。

你要做的是，先试着把眼前的小事做好，先把脚下的这几步走好，用一个接一个的、极其微小的实际行动，去打破以往的惯性和当下的困局。

**要永远记住，当你快撑不住的时候，困难也快撑不住了。**

·4·

每个人都会经历传说中的"低谷期"，也有人称之为"人生的至暗时刻"。它可能是亲人离世，可能是受了情伤，可能是被压力压得透不过气来，可能是被迫待在一个讨厌的圈子里却无法摆脱，可能是被繁杂的生活日常困得动弹不得，可能是非常辛苦但徒劳无功，可能是万般用心却不被理解……总之是暂时没办法解决，别人又帮不上忙的。

怎么度过呢？还得靠自己救自己。

何为"救自己"？

就是自己对自己的情绪负责，不带怒气出门，不带怨气工作，不枕着烦恼睡觉；

就是尊重自己的感受，根据个人意愿去社交或者绝交，去大方地消费或者做铁公鸡，出去玩或者宅在家；

就是争取把简单的食物做得美味，把朴素的服饰穿得舒服，把不大的房子住得整洁，把难搞的日子过得"也还行"。

还包括，在煮饭的时候把米和水的比例弄精准了，在做菜的时候把油盐跟火候熟练掌握了，在写东西的时候把标点符号都弄对了，在洗漱之后把台面收拾干净了，在出门之前把头发和衣领打理利落了……

**身处至暗时刻，最后吞噬我们的，往往不是处境的黑暗，而是内心的沉沦。**

所以，越是难熬，就越要打起精神，化精致的妆，穿得体的衣服，吃喜欢的东西，做想做的事情……只要你还在努力让自己保持一个"战士"的姿态，你就没输。

你精心搭配的衣服就是你的战袍，你的兴趣爱好就是你的武器，你内心的振作就是你的冲锋号。

具体来说，你可以试试这么做：

停止自我攻击。

责任上大包大揽也好，能力上妄自菲薄也罢，都不会让糟糕的现状变好一点，只会让你感觉更糟。与其陷入"我怎么这么没用"的消极情绪里，不如借此机会去看一本书，去跑五公里，去拍一朵花，去吃一份小龙虾。

设定时长。

这件事熬不住了，那就允许自己丧五分钟；那件事受不了了，那就允许自己踌躇到下午三点半……允许自己丧一会儿，但丧完之后还要继续发光。

学点什么。

可以学车，学某个软件，学心理学课程，学画画，学书法，学做饭……学习新东西可以让你获得成就感，而成就感可以带你走出低落的情绪。

规律作息。

有很多实验都证明，人只要作息颠倒，就会产生负面情绪。诚如富兰克林所说："我从未见过一个早起、勤奋、谨慎、诚实的人抱怨命运不好。"

相信自己。

这里说的相信自己，不只是什么事情都觉得"我能行"，还包括竭尽全力之后坦然地承认"我不行"，以及面对讨厌的人能够大方地说"我不想行"。

拍拍胸脯说"问题不大"。

小时候觉得忘记带作业是天大的事情，高中的时候觉得没考上大学是天大的事情，大学毕业的时候觉得没找到工作是天大的事情，恋爱的时候觉得和喜欢的人分手是天大的事情，但现在回头看这些，都问题不大。

认真记录。

记录今天的见闻感受，记录自己的情绪变化，记录天气，甚至记录一只鸟在窗外飞过……在麻木不仁的日子里，认真记录就是在无声反抗；在人生至暗的那些天，过好今天就是在自我救赎。

换个地方。

当你用遍了所有的方法，仍然不能自救时，那就想办法逃离此地吧。不要计较成本，不要留恋过去，换个环境，放空一下。

做点积极的事。

真诚待人、精心准备食物、认真完成工作、臭美地自拍、深情地唱歌、尽兴地运动、睡个饱觉……这些小事就像消消乐一样神奇，可以清除脑子里臃肿的私心杂念和生活中顽固的七零八碎。

寻求帮助。

可以找朋友散步，找父母谈心，向恋人袒露脆弱，也可以找心理医生，甚至是寻求药物干预。

切记，"感到被爱"可以治好大部分的心里不爽，专业的心理疏导可以带我们走出情绪的死胡同，而药物调节可以改善我们的激素分泌。

好好活着。

不是"认命了"，不是"就这样算了"，更不是合理化自己的懦弱或者懒惰，而是带着一种"我早晚会死，还怕这些"的信念，然后像死过一次又拿到了"复活卡"那样，热烈、鲜明、清晰、专注地好好活着。

**世间事大抵如此，走下去，慢慢就会，走过去。**

## 2. 做人要有一点匪气：
## 　　学会不要脸之后，人生就像开了挂一样

Q：为什么在社交中处于弱势或吃亏的那个人总是你？

· 1 ·

有个男生第一次坐飞机时非常紧张，他使出浑身解数假装自己是个"老司机"。他紧盯着前面的乘客，看他们是怎么办理值机的，凭借着聪明劲儿，他顺利完成了值机、托运、安检、登机的环节。

直到空姐过来提供食物和饮料，出问题了。

他不好意思什么都不要，他觉得那样很土，于是他说："来杯咖啡吧。"

他心里想的是"要咖啡总比要白开水显得有档次"。

但这时候，他脑子里冒出来一个问题："飞机上的咖啡多少钱？"

他不好意思直接问，他觉得这个问题很丢脸。于是，他机智地掏出100元递了过去，心想：找零不就行了。

男生说，那一刻是他这辈子最丢脸的瞬间——因为爱面子而没了面子。

后来的某一天，他陪一个客人去一家高档餐厅吃饭。不料店里的菜名太过于艺术，他们俩都看不懂。

就在这时候，客人喊来了服务员，非常诚恳地问每一道菜的食材是什么、怎么做的、什么口味。服务员非常耐心地讲解，直到客人点到了喜欢的菜品。

男生说，那一刻是他这辈子感到最治愈的时刻——承认自己不懂一点都不丢人。

**是的，不必假装什么都很在行，在这个世界上，只有傻瓜和骗子才会无所不知。**

人都好面子，在很多人看来，委屈可以受，苦可以吃，但面子绝不可以丢。

比如，工作上遇到了难题，却磨不开面子去请教别人，自己研究了好半天，还是不得要领。

又比如，别人家嫁女儿是 20 万元的彩礼，那么我家嫁女儿也必须要 20 万元，否则就没面子。女儿以后过得幸不幸福不重要，重要的是在外人眼里，这场婚礼是豪华的，拿到的彩礼是够数的；以后的婆媳关系也不重要，重要的是婆婆给儿媳的改口费是厚厚的，买的"三金"是沉甸甸的。

那么你呢？

朋友管你借钱，你明明囊中羞涩，但就是不好开口拒绝，搞得你后面的生活很狼狈；

明明哄一下就可以挽回恋情，你却拉不下脸面去哄，最后两个人遗憾地分道扬镳；

明明你各项条件都占优，但因为你不好意思争取，最终那个难得的晋升机会落在了别人身上；

明明不想参加那个聚会，不想帮某个人的忙，你却碍于情面不得不帮；

明明很需要别人帮忙，你却又因为好面子，凡事都自己扛；

明明需要说"不"的事情，你却都说了"好的"。

结果是，为了面子，你让身边的人都舒服了，但全程都不舒服的只有你自己。

我的建议是，在某些不知好歹的人面前，你可以适当地将你内心的魔鬼释放出来，摆在台面上，让那个烦人的人知道："我对你的请求很不满""我觉得你很烦"，以及"我不想对你够意思"。

**真的不用担心被说成"性格糟糕"，你除了性格糟糕这个缺点之外，不是还有很多缺点嘛。也真的不用怕得罪了人，得罪人比得抑郁症要划算得多。**

·2·

有个男生长得一般，家境一般，舞技也一般，但他总能在各种舞会上出尽风头，因为他的舞伴常常是全场最漂亮的。

他曾经因为自己的长相而自卑过，参加舞会的时候只敢去邀请长相普通的女生，但在三番五次被拒绝之后，自认为颜面扫地的他有了一个"伟大的发现"：舞会上绝大多数男生跟自己一样，都不敢去邀请最漂亮的女生，这使得长相普通的女生特别抢手。

于是，他做了一个大胆的决定：放下面子，去邀请全场最漂亮的女生。有一大半的概率，对方会欣然接受，而就算被拒绝了，也没什么丢脸的。

所以每当舞曲响起，他就径直走向全场最漂亮的女生，自信地做出邀请的动作。

他甚至将这个"伟大的发现"用在了找对象上，同样产生了奇效。一次偶然的机会，他对某电视台的漂亮女主播一见钟情，经过多番打听，他向女主播展开了热烈的追求，并如愿以偿地娶回家了。

婚后的某天，太太问他："我一直很纳闷，别人都不敢追我，你长得这么丑，又没钱，又没权，怎么就敢追我？"

他得意地说："我胆大，心细，脸皮厚呗。"

**你对这个世界"不要脸"，它才会为你呈上成长的机会和各式各样的桃花运，而不再吝啬以对。**

多数人都是低自尊、压力大、焦虑又自卑的综合体，在遇到好的机会、遇到喜欢的人的时候，第一反应常常是"我不配""我不行"，然后就会知难而退，习惯性地退缩，习惯性地放弃，任由好机会和好运气白白地溜走。

拉开人与人之间差距的，往往就是"面子"二字。

同样是普通人，各方面的条件并不出众，但那个能撕下脸面、果断出击、猛烈追求的人，他的桃花运一定是最旺的。

同样是实习生，现阶段的能力都差不多，但那个能不顾面子、不停追问、不怕犯错、不断揽活的人，他的成长速度和遇到的机会一定会远超旁人。

而这解释了"为什么很多人聪明能干，却一辈子都活在社会的底层"。

因为他们跳不出"面子"的束缚。这些人从小就被灌输的理念是：不要惹事，要听老师的话，要听老板的话，爸爸妈妈帮不了你什么。所以他们习惯了服从，习惯了忍让，习惯了当老好人，习惯了不争不抢，就像是从小被家养的老鹰，就算有翱翔天际的本事，也会因为"怕这怕那"而无法冲上云霄。

**不管你要做什么事情，都会有人泼冷水。不管你有什么观点，都会有人唱反调。与其投其所好、百般讨好，换来对方一个勉强的微笑，不如洁身自好、努力变好，管他笑不笑。**

·3·

刺猬小姐属于那种"在被冒犯的瞬间马上就能做出反应的人"。

比如经过美发店门前，店员发传单的时候，她的闺密总是满脸堆笑地跟人解释"我为什么不需要这个"，这时候往往会有好几个店员围过来，甚至还有人把闺密往店里拉。

而刺猬小姐对此会直接翻个白眼，再摆上一副难看的表情，然后丢下一句"离我远点，挡着我路了"，这时基本上不会再有人过来找碴。

又比如排队买票，遇到有人插队的时候，她的闺密总是面露难色，但不敢吭声，而刺猬小姐会用满格的音量质问对方："你好，请问你是在插队吗？"

如果对方假装没听见，她就一次又一次地问，直到插队的人灰溜溜地走开。

**适当地有脾气，可以规避社交上的大部分问题。**

比如，A 向你借了 2000 块钱，他说一个星期之内肯定还给你。过了十多天，A 根本不提还钱的事。你扭扭捏捏地去问 A，还特意编了一个可怜巴巴的缺钱的理由。

但 A 竟然说："你这人怎么这样啊，不就 2000 块钱，至于撵着我要啊？"然后，A 逢人就说你的不是。

最后，借钱给他的是你，说话不算数的是他，但你成了小人。

你不喜欢吃汉堡，每次有汉堡的时候，你都把它给了 B。一开始，B 很感激，但时间久了，B 就习惯了。有一天，B 看到你把汉堡给了 C，于是气鼓鼓地跑来质问你："凭什么把我的汉堡给别人？" B 忘了，这本来就是你的汉堡。而且 B 不知道，C 把他的鸡米花给你了。但他只看到你把汉堡给了别人。

最后，做好事的是你，小气的是他，但你成了坏人。

小时候，父母和老师教导我们：别人说了"对不起"，我们要说"没关系"；长大后，社会却教导我们：一旦说惯了"没关系"，就经常会有"对不起"。

所以千万要记住，你不需要在任何时候都有气度、格局、礼貌。懂不懂礼貌,有没有格局,关键要看你的对面是谁:它是只苍蝇,你为什么要忍耐它的肮脏?它是只老鼠,你为什么要容忍它的无良?

我们生活的目的,主要是照顾好自己的感受,而不是接受别人的看法。

**一个比较讨厌的事实是:好人不想撕破脸,而坏人根本不要脸。**

为什么很多好人后来都变得高冷了?因为做好人太容易受伤。

为什么做好人就容易受伤?因为好人总是说"没关系",别人就认为怎么对他都无所谓。

命运就是这样欺软怕硬,谁胆小,它就欺负谁。

所以,遇到了难搞的人或者纠结的事,你要搞清楚这三点:

第一,任何事情都是经过你允许才发生的。

不管是在社交中处于弱势,还是在感情中处于被动,都是经过你允许才发生的。也许是你的底线一降再降,所以别人越来越不把你的底线放在心上;也许是你对别人的试探毫无反应,所以你的原则才会被人一再践踏。

第二,自我反省不等于自我否定。

遇到问题,就想方设法去解决问题,而不是解决自己。至于别人怎么看你,那只是别人的事,你根本就管不了;而你怎么活,从来都是你自己的事,事实上别人也管不了。

别人看不起你能怎样?他们又不给你钱花。他们看不惯你又能怎样?你又不用靠他们养老。

**第三，也是最关键的一点：并不是动手打人才算暴力。暴力还包括：打断你说话，嘲笑你没做成某件事，肆无忌惮地拿你和别人做比较，以及让你觉得自己不配拥有更好的人生。**

·4·

为什么你明明很善良，会给乞丐零钱，会接传单，会帮人解围，会给老人、小孩、孕妇让座，会帮拿着东西的邻居把着单元门，会给流浪的猫猫狗狗买吃的，会拿真心换真心，却没有人善待你呢？说好的"好人有好报"呢？

因为人和龙虾一样，会根据姿态来评估对方好不好欺负。如果你总是给人"我很好说话""我什么都不计较"的印象，那么别人就会有意无意地利用你、差使你，反正你又不会把他怎么样。

人性就是这样，喜欢委屈老实人，却会善待不好惹的人。

那么，怎样让别人觉得自己不好惹呢？这里有5条建议：

1. 对于不想做的事、不想帮的忙，就说一声"不"，不需要编造理由来解释为什么，"不"就是最充分的理由。

2. 当有人做了你喜欢的事情时，当众表达自己的感受："我喜欢这样。"当有人做了你不喜欢的事情时，及时告诉他："我不喜欢这样。"

3. 与不喜欢、不太熟的人打交道时，直白地告诉他们你的决定、选择和原则，不要征求许可或者问询意见。

4. 对于不想继续的话题，可以直接说："我还没有准备好聊这个。"

**5. 最重要的一点是，要熟练掌握 3 个原则：**用"关你什么事、关我什么事"的原则来处理跟大多数人的关系；用"有求才应，不求不应"的原则来处理跟少数亲密的人的关系；用"一个人活色生香，两个人相得益彰"的原则来处理跟恋人的关系。

一旦意识到自己的精力有限、时间宝贵，你就不会再为面子闹心，不会因为某个人的阴阳怪气而内耗，不会在"有怨不敢言"的旋涡里自我拉扯，不会费心思去分析别人对自己的看法，更不会浪费时间在网上跟陌生人吵个没完……

最多就是"赏"给对方一个合法的微笑，然后在心里丢下一句："对不起，我没时间讨厌你。"

如果对方喜欢拜年话，你也可以这样说：

"也没什么好祝福你的，就祝你有好果子吃吧。"

"也没什么好招待你的，那你就哪儿凉快哪儿待着去吧。"

· 5 ·

何为匪气？匪气主要包含三个方面：

像狮子一样的地盘意识，就是"我尽量不给你添麻烦，但你最好也别来烦我"；

像狼一样的目标感，就是"我想要什么就穷追不舍，未达目的谁也别想拦我"；

像蜜獾一样的厚脸皮，就是"生死看淡，不服就干。别人藏着掖着的窘迫，我都坦然以对；别人眼里的丢脸囧事，我都看得云淡风轻"。

匪气不是胡作非为的恶习，也不是不讲道理的霸道，而是松弛、自信、果敢，是"你不喜欢就不喜欢吧"的坦然，是"我做什么我自己负责"的担当，是"我不想枉此生、负此行"的豪情。

那么，有匪气的人是如何社交的呢？

1."别人的事，与我无关。"这是人际关系中最基本的边界。故意混淆边界的人，要么是蠢，要么是坏，要么是又蠢又坏。

2."我自己的事，与别人无关。"自己做决定，自己想办法，自己承担后果，不需要他人的恩准，不需要他人的评判，也不会把责任推卸给他人。

3."你是对的，但我也没错。"这个世界上原本就存在完全相反的正确，我不想说服你，但你也不要枉费心机来说服我。

4."我是个好人，但要看对谁。"虽然我是个好人，但不代表我应该做好事，更不代表我应该为你做好事。

5."离我远点，不行的话，我就离你远点。"缺少距离就缺少尊敬，因为太过熟悉会导致轻蔑，任何人在他的贴身仆人眼里都不是英雄，这就像孔夫子说的"近则不恭"。

**最后，望周知，我在你面前主动变成"软柿子"，是想让你尝一口甜，而不是让你捏的。**

哦，对了。关于匪气还要注意两点：

1. 我们既要靠匪气来守护自己的边界，同时也要尊重别人的边界。

不是朋友会做设计，你就可以理所当然地觉得自己家新房的装修都由他包办了；

不是朋友在外国，你就觉得他应该跑遍所有的商店，只为帮你买到某个便宜的东西；

不是朋友顺路，你就可以理所应当地搭车；

不是朋友暂时不忙，你就可以随便地差使他。

2. 气势要有，但气势没有实力管用，所以最好还是去学一学法律，去强健一下身体，以及多赚一些钱。

你一定听过"恶人自有恶人磨""恶有恶报""恶人自有天收"之类的话吧。一个恶人听到这些话的时候，内心一定是得意的，因为说出这些话，就意味着"你拿他没办法"。

所以，要强壮，要有钱，要有见识。

**只有站在比别人高的位置，你的低头才有效果。**

## 3. 抱怨是毒药：
### 没有人能随心所欲地活着，抱怨只会显得你的演技很差

Q：人中龙凤尚且举步维艰，我等"鱼目"岂能万事顺遂？

·1·

如果有人跟我抱怨他的另一半"非常糟糕"，第一次我往往会好言相劝，第二次就会直接说："赶紧分吧。"

如果有人跟我抱怨他的老板"有眼无珠"，第一次我往往会帮他分析利弊，第二次就会直接说："快辞职吧。"

如果有人跟我抱怨他的生活，第一次我往往会耐心地听完，再帮他分析，给出建议，第二次就会直接说："有事要忙，下次再聊。"

我不是不愿意听你抱怨，只是不愿意反复听你抱怨。我抗拒的不是你絮絮叨叨的嘴巴、忧郁且憋屈的脸，而是某种我感觉到的"威胁"——我已经全然了解了你说的事情，也就你所说的事情向你表达了同情和宽慰，还提供了足够的陪伴，给出了诚心的建议，但你又说一次，你到底要我怎么样呢？

**你频繁地抱怨只会加深我的偏见：以你当前的认知、能力、勇气和眼光，你抱怨的伴侣，很可能就是你能拥有的最好的伴侣；你抱怨的老板，很可能就是你能选择的最好的老板；你抱怨的生活，很可能就是你配得上的最好的生活。**

为什么有那么多人喜欢抱怨？

因为通过抱怨，他会产生一种"我很无辜、我很纯洁、我很有才华、我很有魅力"的错觉，进而得出"周围的环境太虚伪，只有我一个人是真诚的，所以我是不媚俗的存在""周围的人那么糟糕，只有我一个人是能干的，没重用我就是领导没眼光"之类的结论。

但实际上，他只是想掩盖自己懦弱、贪婪、懒惰、缺乏力量的真相，他没有勇气直面现实，只能用自我欺骗的方式来掩饰自己是个厌货的事实。

他以为通过抱怨会让别人更好地理解自己。但其实这是一个误区，因为在抱怨的时候，别人接收到的往往不是内容，而是情绪。抱怨只是在消耗别人的能量，而每个人都会有累和烦的时候，都会有要忙的事情。

他抱怨着，忽略了对方可能今天也很烦，却还得在电话那头静静听着；忽略了对方可能今天还有很多事情要忙，但还得在他面前耐着性子陪着。他不知道听人抱怨是一件很辛苦的事情，那结果自然是，他得到的不是理解，而是疏远。

**一个善意的提醒：频繁地把负能量传给别人的人，就是一根心灵的"搅屎棍"。**

· 2 ·

我曾收到一个大三男生的私信，大意是说，他家里很穷，长相普通，性格内向，没有特长，也没什么值得一提的兴趣爱好，看着别人出双入对，他打不起精神，每天过得浑浑噩噩的。

但他的问题却是："我很穷，没有女生愿意跟我谈恋爱，该怎么办？"

我反问了一句："照你的描述，你的问题还应该有'我长相普通，没有女生愿意跟我谈恋爱，该怎么办？''我很无趣，没有女生愿意跟我谈恋爱，该怎么办？''我没有特长，没有女生愿意跟我谈恋爱，该怎么办？''我性格内向，没有女生愿意跟我谈恋爱，该怎么办？'但为什么你只问'我很穷，没有女生愿意跟我谈恋爱，该怎么办'？"

他回复了我三个问号。

我接着说："会不会是因为，只有问这个问题，你才能把'没有女生喜欢'的理由都推到别人头上，怪别人物质、功利，所以造成如今的局面，全都'不是我的错'。但是你想过没有，一个人要想和你谈恋爱，总要从你身上找到闪光点。你总不能要求别人就喜欢你的穷、丑、无聊、性格差吧。"

你所谓的"我很穷，所以找不到女朋友"的原因，大概率是你生性自卑，极度社恐，每时每刻都窝在自己的"壳"里顾影自怜。

更大的概率是，你不修边幅，双商极低，说话不过脑子，缺乏上进心，没什么拿得出手的兴趣爱好,却有极强的自尊心……

于是,你在情场上四处碰壁却不肯承认是自身的问题,就把"锅"甩给父母,甩给原生家庭,甩给谈恋爱只看钱、看脸、看家境的异性。

但我想提醒你的是,一个人要想在人群中脱颖而出,依靠的根本就不是"有钱",而是"特别"。

你成绩好有人喜欢你,你打球好有人喜欢你,你摄影好有人喜欢你,你打游戏好有人喜欢你……这些"好"都能让你在芸芸众生中散发微光,让异性的目光暂时落在你身上。

所以,你要试着从两个方向努力:

一是要让自己身上的某个优点变得更加突出。

比如,有的人觉得你很可靠,很有安全感,那你就要谨慎地发飙,控制好情绪,不要喜怒无常。

又如,有的人觉得你很幽默,每天都很快乐,那你就别动不动玩忧郁,装深沉。

再如,有的人觉得你学识渊博,相处起来很舒服,那你就在学业上力争上游。

二是要试着拓展自己。

比如,有的人以为你只是一个普通的书呆子,没想到你还会吹口琴。

又如,有的人以为你只是一台考试机器,没想到你还是个旅游达人。

再如,有的人熬夜做 6 页 PPT 能忙到崩溃,没想到你用半个小时就能做得漂漂亮亮的。

总之，是因为别人觉得你这个人有点意思，有点东西，有点特别，才会想要进一步了解你。

反之，如果你什么都没有，在等待一场恋爱来拯救你的世界，那只能说明你的世界根本就撑不起一场恋爱。

**毕竟啊，爱情是互相照亮，而不是借谁的光；爱情是共生，而不是寄生。**

· 3 ·

为什么我总是劝你不要抱怨？

因为抱怨会给人一种感觉：你过得很不好，你这个人很糟糕，你的命很苦，你的文化教养很低，你很好欺负。

还因为再"铁"的关系也经不起频繁的诉苦与抱怨。一旦你把别人的同情和怜悯视为你糟糕生活的镇痛剂，那么别人就很难把你放在一个跟他平起平坐的位置上。

许多人抱怨不公平，只不过是为了给自己找个脱罪的借口，好把"我这么弱，这么 low（这里指低端），这么蠢"的责任全推给别人，推给社会，推给时代，推给命运。

但问题是，你不能一边抱怨自己身在泥泞之中，一边又不把脚拔出来。

你一定见过这类人：

他整天对生活、对他人不满，说这个人对不起他，说那个人欺负他，说同事让他陷入了糟糕的境地。

他愤怒于世道不公,让他这样的有才之人没有用武之地,他抱怨公司的环境不好,说遇到这样的同事真是倒了大霉……

似乎他的命运永远都被一摊烂事、一堆烂人缠着,这一切就像蛛网一样让他动弹不得。

某件事情搞砸了,他坚信"这不能怨我",他怪的是那天的天气、交通,那次的合作伙伴或者某个领导。

即便真的遭遇了不公平,他也不会有针对性地向人求助,更像是在肆无忌惮地"发射"负能量炸弹。他希望每个听到抱怨的人都能承担起帮他解决问题的责任,实际后果却是在给每个人添堵。

他不会换位思考,也不在乎别人的感受,只图一时嘴快,让周围的人也跟着心生戾气;他习惯了靠贬低环境来抬高自己,习惯了从别人身上找原因,永远不会承认自己的缺点、错误和能力不足,堪称"严以律人,宽以待己"的典范。

他什么都不擅长,只擅长发怒和抱怨,他个人能力一般般,人品和口碑也一般般,但活得特别"有态度"——对谁都不满,似乎这种愤愤不平的态度就是他行走江湖的资本。

但随着时间的流逝,除了日复一日的抱怨和牢骚之外,谁也没看到他做出什么成绩来,不管是从事的行业、分内的工作、平日里做的饭菜、出游时拍摄的风景、与人相处时的言谈举止,方方面面都毫无亮点可言,有的只是谁都不服的愤怒和谁都不喜欢的怨言。

在这种人眼里，生活是没意义的，努力是没用的，现实是黑暗的，人性是丑陋的，只有他自己是无辜且清白的。

一旦他发觉有人在疏远他，他还显得特别委屈："这世道怎么了？说点真话都没人愿意听。"

抱怨证明不了什么，只能证明你是一个非常普通的 loser。

什么叫 loser？就是犯错后不内省、不探究，既不舍得批评自己，也听不进去他人的批评，习惯了花费大把的时间、精力来掩饰自己的失败或者解释自己的无能，这种人永远将自己视为"受害者"，受制于某个阴谋、糟糕的老板或者恶劣的天气。

所以我想提醒你的是，既然遇上了凄雨冷风，既然知道了寒冬将至，如果你只是一只普通的松鼠，那就该去囤积松果，而不是上蹿下跳、阴阳怪气地骂这鬼天气。

假如你正在走或者已经走完了一段孤立无援的夜路，当有人问起时，一定不要说它的黑灯瞎火和你的孤苦伶仃，你要说它的星光璀璨和你的一路高歌。

**还是那句话，你想要更好的生活，就要让生活看到更好的你。与其哭丧着脸，让人一眼就看穿你的囊中羞涩和草木皆兵，不如让生活知道，你和它一样，不好收拾。**

· 4 ·

你跟生活抱怨："好苦啊。"
生活对你讲："那我给你加点糖吧。"
你问："加什么糖？"
它说："加点荒唐！"

有些抱怨是可以得到原谅的，但有些不行。

比如说，老板进入办公室后，发现垃圾桶没人收拾，就去问保洁阿姨，保洁阿姨给出的解释是："昨天办公室的门锁换了，我没有拿到钥匙，所以没办法打扫。"老板可能会说："哦，原来如此，那没事了。"

但如果你是公司的副总，是某个项目的负责人，是团队的中坚力量，那么"没办法完成任务"是很难被原谅的。就算你的理由充分，你也要接受批评，抱怨是没用的，你只能想方设法去解决问题，而不是找理由来敷衍塞责。

绝大多数的抱怨都来源于"我也没办法""我是无辜的""我是受害者"。

所以，无论是遇到一个糟糕的老板或者同事，还是开始了一段糟糕的友情或者恋情，你都要有一种清醒的认知："这是我自己选的"或者"这是我自己造的孽"。

只有当你完全意识到，当下的一切都不是被迫的，而是自己的选择时，你才会真正地为自己的生活负责。而只有当你打算对自己负责的时候，你才能开启全新的生活,而不是陷在某个糟糕情绪的泥坑里。

心理学领域有个专业名词叫"自证预言",就是你内心把自己或外界解读成什么样子,你大概率就会过上什么样的生活。

比如说,你认为自己不是读书的"材料",那么你即使有时间也不会好好学习,因为你认为自己学不进去,学了也白学,结果考试成绩一塌糊涂,于是你对自己说:"嗯,我果然不是读书的'材料'。"

又比如说,你认为自己跟某人合不来,你就会不知不觉地挑对方的毛病,紧盯着对方的缺点。你会嫌弃他的品位,质疑他的动机,甚至连他说话的声音、走路的姿势都跟着讨厌起来。结果你和他很难相处下去,等到分道扬镳或者撕破脸皮的时候,你就对自己说:"嗯,果然不是一路人。"

是的,如果你总是以"受害者"的心态自居,那么你就会越来越像一个受害者。

事实上,没有一份工作不辛苦,没有一种活法不委屈,也没有一种人生不复杂,不是只有你一个人有压力,也不是只有你一个人的事情很麻烦,而是人人都有他的烦,事事都有它的难。

那些看起来比你顺心的人也和你一样,压力重重,麻烦不断,疲惫不堪,他们只是在黑暗中把口哨吹得更响亮一些罢了。

**假如生活关上了你的门,那你就试着把它打开,这就是门,门就是这样用的。**

## ·5·

虽然抱怨常常招人烦,但一个不可否认的事实是,每个人都有想抱怨的时候。那么抱怨的正确"姿势"是什么样的呢?

1. 只针对某个具体的问题来表达你的不满。比如网速不够用,就说网速不够用,不要把它上升到公司制度或者老板为人的问题。

2. 只针对有权改变状况的人进行抱怨。比如邻居家的声音太大了,你就直接跟邻居说或者去物业反映,或者报警,而不要逢人就说"邻居怎么那么没素质"。

如果你倒霉,遇到了喜欢抱怨的人该怎么办呢?

1. 永远不要让卖惨的人靠近自己。要快速地远离,要马上、立刻!

2. 如果暂时离不开,就听他说,别给建议,别做评价,让他说,说到他自觉没趣为止。

3. 不想听的话,就比他更夸张地抱怨,他就会反过来开导你,就不好意思再跟你抱怨什么了。千万不要安慰他,那样会被他视为认同和鼓励,让他产生遇到知己的错觉。

**当然了,如果你实在躲不开,那就在心里放一个木鱼,对方的抱怨一开始,你就"木鱼敲起来,《金刚经》诵起来",他抱怨多久,你就超度多久。**

## 4. 人生的意义：
### 如果道路本身很美，不要问它通往何方

Q：到底什么样的结局才配得上这一路的颠沛流离？

·1·

有一个特别好玩的段子："我讨厌和那些只想到达目的地的人一起爬山，我喜欢和这样的人一起爬山——不介意走一会儿就停下来看看腐烂的木头、给蜘蛛拍照或者抬头看天上的某片云，如果所有人都想快速地到达山顶，中途短暂的停留只是为了吃东西或者喝水，那就太没意思了。理想的旅行伙伴是动物专家、植物专家、昆虫专家、充满好奇的人，以及屁股好看还比你走得快一点点的人。"

但在现实中，能够停下来的人越来越少了，大家得了一种名叫"不快乐"的病，症状是，很紧张，很焦虑，很慌张。

周围的一切都在教你"如何变得更紧张"：老师天天提醒"考不上大学就完蛋了"，父母天天叮嘱"找不到好工作就完蛋了"，好心的亲戚天天都在恐吓"再不结婚生娃就完蛋了"，网络上的甲乙丙丁天天都在咆哮"再不

成功就完蛋了"。

**似乎每个人都在告诉你，明天还有很多问题在等着你。而你的现状却是，今天还有很多问题都没有解决。**

你觉得自己就像一头眼前挂着胡萝卜的驴，每天转着圈拉磨，为一个很可能得不到或者得到了也不会怎么样的东西而累死累活，但你又不能停下来，因为停下来可能会被做成驴肉馅儿的饺子。

你觉得自己的人生就像一艘沉没在水底的潜艇，真实的感受无人可说，对别人的快乐也做不到感同身受。你活得既不激动，也不感恩，还不期待，对于人生，你连写一句"到此一游"的兴趣都没有了。

你理解不了，每天为工作、为生活、为家庭忙个不停，可日子还是麻烦不断，这日复一日的辛苦到底是为了什么？

全心全意地对某个人好，可感情说淡就淡，关系说散就散，曾经的付出有什么意义？

完成了父母的期待，又马不停蹄地去让自己符合社会成功的标准，似乎永无出头之日，这样的生活有什么盼头？

一辈子求这个、抢那个、争这个，到最后都是"终有一死"，那活着有什么意义？

为什么我们从野兽变成人，获得了充足的物质生活和高级的精神享受，可是到头来，我们却活得还不如野兽那般纯粹快乐？

我猜这是因为你对生活有一些误会：

1. 你以为自己努力实现了某个目标，就理应得到幸福。事实不是这样的。

你以为一步一步地完成目标后，自己就能鱼跃龙门，从此步入人生巅峰，但过不了多久你就会发现，身边全是"龙"，而自己还是最弱的那个。

2. 你把"有意义"等同于"过程是愉快的，结果是美好的"，一旦觉得不快乐，一旦觉得不如意，就认为自己做的事情无意义。事实不是这样的。

比如登山，你要去山顶看日出，就不能说攀登过程中的辛苦无意义。

比如学习，你要反复练习、理解、消化、琢磨，这必然很累、很单调，但你还是想坚持，因为你知道自己想要什么。

3. 你稍微努力一下就想快点得到回报，稍微上进一点就想马上看到进步。事实不是这样的。

才去了三次健身房，就想着要马甲线；才看了半本书，就想让成绩突飞猛进；才加了两次班，就想下个月升职加薪，怎么可能呢？

4. 你认为只有做有价值的事情才有意义。事实不是这样的。

不是只有学习、工作才有意义，看闲书、跑步、社交、刷剧也有它们的意义。

如果一件事情是你喜欢的，那么它就意义非凡；如果在浪费的时间里获得了乐趣，那么你就没有浪费时间。只要你是开心的，那么人生这条路怎么走都没事。

**我的意思是，人应该享受这个世界，而不是企图理解这个世界。**

·2·

你也想活得再热闹一点、丰富一点，吃的、用的、穿的再好一点，在朋友圈里再活跃一点，以便告诉所有人："我在他乡挺好的。"

但一不小心，你就陷入了焦虑、沮丧、浮躁的状态中，脑袋里空空荡荡的，眼神空空洞洞的，长一点的视频看不下去，长一点的电视剧也追不到结局，耗时长一点的考验也没有耐心等下去。

每天只是漫无目的地刷着短视频和各类热搜、段子，曾经那个有盼头、有趣味、懂浪漫的你消失了，取而代之的是，连发朋友圈都憋不出一句原创句子的你。

你也想多看书、多出去走走、多结交朋友。

但书买了很多，拆开了顶多就是翻两页，拍个照发朋友圈，之后就扔在书架上吃灰。

旅行的攻略你也经常刷，但旅行的念头总是轻易就被"假期太少""囊中羞涩""没有人一起去"之类的理由打消了。

所谓的结交新朋友也只是互相添加微信好友，然后在朋友圈里给彼此点个赞，就再也没有其他的联系了。

说你活着，却像是已经死了：死在破碎的三观里，死在缥缈的憧憬里，死在无望的期盼里，死在虚无的回忆里。

说你死了，却又还活着：活在生活的鸡零狗碎里，活在社会的边边角角里，活在旁人的七嘴八舌里，活在亲人给的压力里，活在儿时的梦里。

**久而久之，你在搞钱和搞对象中选择了"搞不清楚"，在脱单和脱贫中选择了脱发，在做人和做事中选择了当牛做马，在变美和变瘦中选择了"变态"。**

一个人越是活得无趣，就越没有盼头，他的眼里就会渐渐没有光。

反之，一个人活得越有趣，他看待人生的态度就会越松弛，被命运堵在墙角动弹不得的情况就会越少。

无趣意味着什么？意味着人生这场剧，你还未登场，就已经失去了悬念。

有趣意味着什么？意味着你知道这个世界有很多好玩的地方、有趣的事和可爱的人，你必须亲自参与，才更有意思。

我的建议是，势头不好的时候不要责怪世界，状态不好的时候不要责怪自己；觉得累了就好好休息，觉得无聊就做点自己喜欢的事情。

要借助热爱的力量在生活的海上乘风破浪，而不是任由自己被无趣的生活生吞活剥。

就像苏轼在词里写的："莫听穿林打叶声，何妨吟啸且徐行。竹杖芒鞋轻胜马，谁怕？一蓑烟雨任平生。"

你的亲人、朋友、恋人就是你的"竹杖"和"芒鞋"，他们存在的意义就是让你在跟世界单打独斗时敢说一句"我不怕"。

就像李白在诗里写的:"五花马,千金裘,呼儿将出换美酒,与尔同销万古愁。"

你的野心、兴趣、梦想就是你的"五花马"和"千金裘",它们的作用就是"与尔同销万古愁"。

**人活一世,其实就两件事:一是让身体舒服,二是让灵魂自在。**

所以,如果有烦人的亲戚在别人的婚礼上问你:"看别人结婚,你会想什么?"你就微笑着说:"当然是想什么时候开席啦。"

如果有可爱的人问你:"眼神呆呆的,在想什么?"你就告诉对方:"想起了我在天庭当仙女的日子。"

如果你在乎的某某见识了你的纠结和拧巴,你就跟他"解释"一下:"我和这个世界,有过情人般的争吵。"

如果你想短暂地躺平一下,你就回怼那些逼你努力的人:"总有人要当废物,为什么不能是我呢?"

如果某人偏要在这个时候给你安排任务,你就宽慰他:"放心吧,交给我的事一定会搞砸的。"

如果半夜睡不着,你就"昭告天下":"希望睡着的人都蹿稀!"

· 3 ·

每个人的青春都会有那种茫然不知所措的感觉，都会有"人生无意义"的虚无感，就像是在傍晚时分出海，路不熟，还远。

那么，我们该如何面对人生的无意义感呢？

第一，主动地参与生活，而不是冷眼旁观。

动起来，去学习新技能、坚持某一项爱好、抓紧时间旅游或者谈情说爱，要在这路遥马急的人间不停地更新认知和体验，然后思考"我想要什么""我想去哪里"。

坐在空荡荡的房间里，盯着屏幕，用找碴的眼光看待世间万事万物，这是不可能消除无意义感的。

第二，学会在工作之外做个闲人。

去一个新的地方，读不同类型的书，和其他领域的人打交道，换一种着装风格，换一条路线回家，画个笑脸，频繁地拍照记录生活，在能力范围之内做善事，写东西或者做好吃的……

总之，去探索未知的世界，输入新鲜的知识，输出有价值的东西，以及允许自己放空一会儿，做一点无意义的事情。

**不要总是把"没钱、没时间"挂在嘴边。你有能力，就去看山河大地；力不能及，就去看小鸡啄米。**

第三，一定要热爱点什么。

吃喝玩乐、花鸟虫鱼、遛狗逗猫、读书、电影、运动、健身、旅行，甚至是打玻璃球，都可以。

如果说麻烦的生活是一场密室逃脱，那么热爱就是亮着光的安全出口。

第四，活得真实一点。

如果你不快乐，一个很重要的原因是：你总是试图表现出自己并不具备的品质，比如乐善好施、笑脸迎人，让自己看起来很友善；又如帮同事撒谎、跟领导讲好听的假话，让自己看起来更懂人情世故。

结果是，你骗来了别人的好感，却忘了自己的工资根本就没涨，自己的能力也根本没变强，反倒是需要撒的谎更多了，疲于应付的假笑更多了。

与其享受外界的虚假，不如享受自己的真实。真实的你可能距离完美很远，但离快乐很近。

第五，把注意力放在体验上，而不是结果上。

即便结果没有如愿，你也有幸亲身参与了。而这一路上你遇到的人、吹过的风、看过的日落和红过的脸，都会变成让你不同于旁人的独特记号。

即便是像驴拉磨，你也可以好好地体验拉磨过程中的喜怒哀乐，还可以跟旁边拉磨的谈个恋爱或者拜个把子。

更重要的是，一旦你把注意力放在体验而非结果上，你就会慢慢地松弛下来。你就会乐于做一个"快乐的笨蛋"，而不是一个"看似深刻但很不快乐的伪哲学家"。

所谓"松弛",就是切换成"玩家心态"。并不是实现财务自由或者身居高位才能有松弛感,而是"这场游戏我入局了,过程我尽兴了,那么即便出局,我也是坦然地出局"。

**是的,如果道路本身很美,不要问它通往何方。**

## 5. 把自己当回事：
### 没有实力地对别人好，很容易被定义为"讨好"

Q：什么都在涨价，只有自己在掉价，怎么回事啊？

·1·

心理学领域有个专业名词叫"回避型依恋"，在感情里的表现大概是这样：

遇到了喜欢的人，心里的小鹿一通乱撞，但如果对方开始回应自己，又会下意识地想躲。

接近喜欢的人从来都不觉得轻松，而是既紧张，又恐惧，有时候甚至会承受不了这种紧张与恐惧，只能通过疏远或者放弃来缓解。

间歇性想谈恋爱，持续性享受单身；怕被拒绝，所以先拒绝别人；怕被伤害，所以干脆不爱。

不想负责，也不想被负责；不喜欢承诺，也不喜欢被承诺；总是用一种消极的态度看待亲密关系，然后在日常的相处中寻找"你果然不爱我"的蛛丝马迹。

难怪那么多人都说，回避型依恋的人还是别谈恋爱了。甚至就连回避型依恋的人自己都认为:"没有谁有义务忍受这样的我,还是离我远点吧,我不配谈恋爱""认识我,辛苦你了"。

似乎一旦被打上"回避型依恋"的标签,就跟亲密关系彻底无缘了。

但事实并非如此。

回避型依恋的人表面上回避的是亲密,实际上回避的是真实的自己。

你习惯了戴着面具生活,一旦靠近某某,就意味着要袒露真实的自己,你怕摘下面具之后,那个人不喜欢。你看似不舍得给出你的爱,实际上你早就准备好了,但又怕对方嫌弃,于是选择把它藏起来。

你觉得真实的自己是不值得被爱的,毕竟连自己的父母都会嫌弃自己,都需要自己假装成一个讨喜的小孩来取悦他们,更何况是别人呢?

**你习惯了用悲观的情绪绑架自己,习惯了用逃避的方式保护自己。所以,不管你想要做什么、靠近谁、去爱谁,你的潜意识都会跳出来警告你:不现实、不可能、不可以。于是,你的保护壳越来越硬,而外壳越坚硬的人,就越觉得自己离开了这个壳就一定会死。**

那么,回避型依恋的人该怎么经营亲密关系呢?

第一,不要刻意去压制自己的回避情绪,暂时做不到亲密无间,就试着松弛下来。用你本来的样子去爱他,也爱他本来的样子。

第二,要充分地沟通,以获得充分的理解。

假如关心和关注是亲密关系中的精神食粮,别人一次要吃三大碗才能饱,而你吃小半碗就饱了，那么你就得让对方明白，你的"饭量"只有这么大，不用特意准备满汉全席，你真的吃不消。你要试着让对方理解，"我需要私人空间并不意味着不需要亲密，我推开你并不等于否定你"。

第三，不要因为一点不满意就马上得出一堆悲观的结论，不如反思一下："我的需求是什么？我跟对方讲清楚了吗？"

想自己待一会儿，你就直接说；觉得对方的关心越界了，你就直接告诉他哪些行为让你想躲，而不要摆臭脸或者玩消失，让对方不知所措。

第四，约定一个"安全信号"，可以是一个手势、一句话、一张图。

当你疲倦、低落、不想说话的时候，就给他发这个信号，表明你想安静一会儿，不用担心，也不要关心，发完这个信号，你无须解释，随时可以离开。

第五，试着将过去受到的伤害写下来，然后撕掉，好好地跟过去告个别。

你以为自己缺爱，但事实上并不缺爱你的人，只是因为过往的创伤一直在隐隐作痛，阻碍了你对爱的感受。

总之，你要相信你可以得到尊重和爱，即便自己没有成为一个特别优秀的人；你要相信这个世界上绝对有值得信任的恋人，即便自己暂时还没有遇到。

**在感情里，你可以仰视爱人的完美，但无须将自己放低到渺小的地步。恋爱的真相，不是你拼命地爱对方，对方就会拼命地爱你，而是你拼命地爱自己，对方才会考虑要不要爱你。**

·2·

人和人都是互相吸引而来的。欺负你的人，是被你的软弱吸引来的；欣赏你的人，是被你的自信吸引来的；不在乎你的人，是被你的自卑吸引来的；而尊重你的人，是被你的自爱吸引来的。

什么叫"自爱"？

就是坦然地活成自己，而不是逢人就去解释自己；就是全然地接受自己，而不是遮遮掩掩地伪装自己；就是永远会照顾好自己的感受，而不是唯唯诺诺地说"我都行"。

就是被表扬的时候，知道自己的努力配得上这样的表扬，不会担心表扬会消失；被批评的时候，相信自己以后会做得更好，不会担心别人因此就不喜欢自己。

就是从不吝啬分享，但不想分享的时候，不会有心理负担；就是把事情做好了会特别开心，但如果没做好，也不会自暴自弃。

就是活得很真实，喜欢就去追，讨厌就拉黑，不去纠缠，也不允许被纠缠。

那么你呢？

如果在大庭广众之下做了一件尴尬的蠢事，你就会在此后的很多年的很多个晚上，反反复复地在大脑里播放这个尴尬的场面。

一旦到了某个容易遇到熟人的地方，你的"反侦察"能力就堪比逃犯，总是能够眼观六路，耳听八方，以期能够避开一两次尴尬的打招呼。

不管是打车的时候告诉师傅去哪里，还是点餐的时候喊服务员，你的内心总是忐忑得像在擂鼓。

每次与陌生人对话，你就会嗓子发紧，别人一个看似冷淡的眼神就足以让你的心跳慢半拍。

你不喜欢跟小区的保安混成脸熟，你受不了每次回来都被问一遍"回来啦"，或者出门的时候被问一次"出去啊"。

你更不喜欢被人看见，尤其是在大庭广众之下，一旦你发现大家的目光都放在你身上，你的脑子就会进入"死机"状态。

你到底在恐惧什么？

你恐惧的其实是那个不完美的自己。你总觉得自己在很多方面不够好——家庭、能力、长相、收入、生活方式……怕别人不喜欢；你总是怕自己犯错误，怕说错话，怕哪个表情不恰当，怕被人比下去……与其每次带着期待跟人相处却只能带着失望离开，还不如干脆不去见人。

可问题是，你不能一辈子不见人。

那么，我们该如何解决这该死的"社恐"呢？

1. 提醒自己"他们不重要"。

身在人海之中，你要明白两件事情：一是真心希望你好的人非常少，二是专门针对你的人也非常少。多数人只是闲得慌，只是图个乐子，只是喜欢围观而已。

所以，你没必要向他们证明什么、解释什么，你只需跟你自己确认："这是我的人生""这是我的选择"。

2. 尽量对自己好一点。

你总是希望新同学对自己好一点，新同事对自己好一点，新老板对自己好一点，新的某年某月对自己好一点，却忘了自己对自己好一点。比如说，舍得吃，舍得穿，舍得玩，以及"能怪别人的话，尽量不怪自己"。

3. 想清楚"为什么活着"。

你不是为了被赞美、被认同、被喜欢、被接纳而生的，而是为了"即便只有我一人，我也要吃好、喝好、玩好、活好"而活的。

4. 行使自私的权利。

要大大方方地维护自己的利益，让你的事归你，别人的事归别人。你不会把别人当冤大头，也不要允许自己当"大冤种"。

**切记，当你站出来维护自己的时候，你并不会失去真正的朋友、真正的机会和真正的情谊，你失去的只是爱占便宜的人、喜欢操控的人和无比自恋的人。**

·3·

来做一道好玩的题吧。先准备一张白纸，在上面画一条线。题目是：在不涂抹、不剪裁的前提下，如何让这条线变短？

答案是：在它旁边画一条更长的线。

正是因为身边多了一条更长的线，原本那条线自然就变"短"了。
自卑也是这么来的。

你怕给人留下糟糕的印象，于是在相处的过程中小心翼翼、唯唯诺诺，既没有展现真才实学又没有展现真实性格，最后，别人对你压根儿就没印象。
你怕事情没做好招来差评，以至于你做什么事情都缩手缩脚的，最后，的确是没有人讨厌你，但也没有人欣赏你。

**人性里都有不自信的成分，就像大雁那样，怕掉队，怕脱群，怕看不到同类，怕自己一会儿不知道该往哪里飞。**

自卑的人该如何减少性格带来的伤害呢？
第一，不要违背自己的性格。
如果你不是一个放得开的人，就不要学人家随便开玩笑。如果你不是一个幽默的人，就不要学别人用无厘头的方式来表达。
爱出风头的人，你让他扭扭捏捏，他也做不来；内向腼腆的人，你让他大大咧咧，他也做不到。违背性格去学别人，不仅你自己别扭，别人看着也难受。

第二，熟练掌握一个口诀。
尤其是容易受别人影响的人，当有人批评你、指责你、纠正你的时候，你要马上念出这个口诀:"一派胡言"。就算你不能把这四个字说出口,那也要在心里说一遍;就算别人的指责是对的,那也要先这样说,才能在第一时间将可能出现的伤害降到最低。

不管是被孤立、被否定、被嘲笑还是被指责,你都不要上升到"我不好""我不行""我不值得被爱"这个层面,要先把罪过都怪在对方头上。

这种自信,不是要你盲目地认为自己方方面面都比别人好,而是希望你能意识到,自己不需要和其他人比较。

第三,学会取悦自己。

每个人都是一颗独自运行的小行星,每个人的身上都有缺点、有冲突,也有美丽和神奇。

人要学会自洽,学会欣赏自己,学会在喧嚣的世界里为自己创造多一点点的浪漫和甜蜜,而不是整天纠结于"我怎么才能让他高兴""他不喜欢我怎么办""他那个表情是什么意思""他一下子说那么多话是什么意思""他不说话又是什么意思"……

**当你把讨好别人的心思用在讨好自己上,把取悦别人的那股子劲用在取悦自己上,你就会发现,这个世界也太美好了吧。**

· 4 ·

无论你跟谁相处,即便他用相对温和的方式跟你开了一个无关痛痒的玩笑,即便他只是占了一个可以忽略的便宜,但只要他让你"感觉很不爽",

你就要表现出来，即使不是直接用言语反击，也要学会用表情来适度地表达不满，以便让对方明白你是一个有底线的人。

当然了，被人欺负但实在没办法正面"硬刚"的时候，你还可以在心里"阿Q"一下："当一棵小草也没什么，今天你踩在我头上，明天我长在你坟上。"

和人类打交道，你要试着践行一个原则：尊重所有人，但不把任何人看得太重。

即便是你喜欢的人、你尊重的人、你的灵魂伴侣……不好意思，他们所有人加起来，都没有你自己重要。

你的感受比他们的意见重要，"你觉得"比"别人都那么说"重要，你的自尊比"给他个面子"重要。

内心强大的关键就是拥有健康的自尊。低自尊有多吃亏，高自尊就有多赚。所以，请你务必照顾好自己的自尊心。

关于自尊，希望你能明白这4点：
1. 被尊重的核心要素是，你本身就有值得尊重的东西，其次才是你很尊重别人。

与人交往时，情商也好，教养也罢，这些都是锦上添花的东西。如果你自身没有价值，这些东西是不可能为你雪中送炭的。

欣赏你的人所欣赏的一定是你能带来的价值，绝不会欣赏你故作谦卑、唯唯诺诺的样子。

当有一天，你发现大家开始对你客气了，不是因为他们的素质提高了，很可能是你变强了。

2. 拒绝别人的时候，不用看别人的脸色。

不行就是不行，没空就是没空，不想帮就是不想帮，不用想方设法地编造理由，更不用支支吾吾的，像是你做错事了一样。

3. 每一个人，包括得不到尊重的人，其实都是规则的制定者。

别人怎么对你，都是你允许的，甚至是你鼓励的——包括轻视你和"凶你"，当然也包括重视你和尊重你。如果你把自己定义为"弱者"或"受害者"，那么你只会离真正的尊重越来越远。

4. 不管是恋爱、交友，还是学习、工作，千万不要伤害到别人的自尊。

人的自尊不是地上的汽车，而是天上的飞机，你踩一脚，它不是停下来，而是掉下来。而那个人要想重新振作起来，也不是踩一脚油门或者谁推他一把就可以做到的，而是需要很长的跑道和很长的爬升过程。

一个真正有自尊的人应该是这样的：

能与刺耳的声音共处，同时不被其左右；能尊重不同人提出的意见，也能遵循自己的内心；知道自己的优点是什么，也清楚自己有哪些不足；即便听到了贬低的声音，也依然相信自己还不错；即便处在被打压的环境里，也依然觉得自己值得尊重。

无论是身处庙堂之上还是身陷囹圄之中,无论是腰缠万贯还是身无一物,内心总有一处宁静的圣地,可以随时退避至此,并在那里成为自己。

**什么叫"理想主义"?就是不要"理"别人的七嘴八舌,自己"想"怎么活就怎么活,自己的事情自己做"主",人生的意"义"由自己定夺。**

# PART 2
#### 第二部分

## 为什么爱会伤人？

　　人和人之间没有"突然"，他想好了才会来，他想清楚了就会走。没有谁会"为了你好"而离开你，他们走或者留，都是为了他们自己。

　　我只是替你担心，怕你那干净又炽热的爱在盛开之时，突然被人连根拔起，以至于想到以后的爱该怎么栽种、怎么施肥、怎么开花，你始终心有余悸。

## 6. 婚姻的本质：
## 不要瞧不上另一半挑选的东西，你也不过是其中之一

Q：一直不谈恋爱会等到对的人吗？

· 1 ·

没有爱情的婚姻是什么样子？

大概是，你们一起吃饭，一起睡觉，一起生活。

夜深人静的时候，你想到了那个曾经爱而不得的人，再看看床上躺着的这个搭伙过日子的人，你感到很失望，可一想到可爱的孩子，你只好摇了摇头，钻进了被窝里，你试着去靠近枕边的那个人，可是你的身体还是躲开了。

你想为自己活一次，可是每次都有理由击败你自己——可能是父母，可能是孩子，更可能是你自身的软弱。于是你强迫自己闭上眼睛，告诉自己不要多想，然后皱着眉头等待第二天的到来。

说你们有感情吧，但似乎感觉不到；说你们没有感情吧，但你们生了孩子；说对方对你不好吧，但也没有让你饿着；说离婚吧，又好像不至于；说好好过日子吧，但又冷战个没完。

久而久之，你们不再是爱人了，只是孩子的父母；人生这条路还要同行，但不再同心。

·2·

曾经看到过一段令人心寒的对话。

女人说："我们离婚吧。"

男人问："就因为我乱扔袜子？"

女人答："你还是不明白，我们之间不是乱扔袜子的问题，而是我说的很多话，对你而言毫无价值。"

很多时候，压垮婚姻的不是出轨之类的大事，而是一堆陈芝麻烂谷子的小事。从一盘菜的咸淡、一句敷衍的表达、一个眼神的飘忽、一个不耐烦的表情开始，婚姻慢慢变质，一份许过誓言的爱情逐渐让生活变得无聊、让人没有安全感、夫妻相互看不顺眼，这些糟糕的情绪会不断地从鸡零狗碎的生活中"汲取养分"，最终撑坏你们的婚姻。

人都差不多，被欣赏、被尊重的时候，内心就会生出一股责任感和成就感。反之，被指责、被嫌弃的时候，内心就只剩下自卑或者不满。

所以，希望为人丈夫的都能认真想一想：

为什么她是一个好女儿、好同事、好邻居、好闺密、好亲戚，却做不了一个好妻子、好儿媳妇呢？为什么她跟你结婚之前口碑那么好，跟你结婚后就这么差劲了呢？

她的爸妈那么爱她，她没有在他们身边尽孝；她的邻居那么喜欢她，她没有给他们洗衣服；她的朋友那么在意她，她没有给他们做饭；她的亲戚那么看重她，她没有给他们看孩子；她的同事那么帮她，她挣的钱也不会给他们花。

这些喜欢她、爱她的人都在照顾她的情绪，为什么她爱的你却总是破坏她的情绪呢？

也希望为人妻子的都好好想一想：

在你嫌弃他什么都没有的时候，你给了他什么？

你嫌他赚得少，那你为什么不去找一个赚得多的人？会不会是因为赚得多的人看不上你呢？你嫌他不懂你，那你有去理解他吗？你嫌他不会说话、不会做人，那你有去鼓励他、信任他吗？

要他懂事，那你至少要有耐心；要他体谅，那你至少降一降音量；要他给你自由和信任，那你至少要表现出自爱和靠谱，而不是在他无助、迷茫、失意的时候，给他无休止的打击和指责。

我想提醒你的是，当一个男人把一个女人逼得不想说话的时候，说明女人的心凉了，什么爱不爱、对不对的都不重要了。

同样，当一个女人把一个男人逼得只愿意挣钱的时候，说明男人的心死了，什么爱情、面子、尊严都不重要了。

婚姻可以追求"平平淡淡才是真"，但平淡不等于"怠慢"。

所以想对男生说的是，她想可爱就可爱，想性感就性感，你的职责是保护她，而不是挑剔她；是让她真实地成为她，而不是想方设法地改造她。

想对女生说的是，如果你总觉得自己嫁亏了，总觉得自己配得上更好的人，总觉得对方没有给你想要的生活，那他再怎么上进也不会有出息。你不尊重他，外人更不会尊重他。

**不要对自己的另一半太过苛责，他真要有大本事还会选你吗？也不要瞧不上另一半挑选的东西，你也不过是其中之一。**

·3·

再讲一个超好笑的笑话：

有三个女人去见上帝，祈求上帝给她们配一个绝世好男人。上帝答应了，但提了个奇怪的要求："绝对不可以碰到地上的金币，否则就会事与愿违。"

三个女人很小心，但脚底下的金币实在太多了。一个女人踩到了，和一个丑男结婚了；另一个女人也碰到了，和一个渣男结婚了。

只有第三个女人嫁给了绝世好男人。这个女人高兴地说："我何其幸运，可以嫁给这么好的人。"

上帝提醒道："因为他踩到金币了。"

爱情就像是一场狗屎运。所谓"对的人"，也不过只是在某个期限内出现的、恰好跟你聊得来的那个人。此时此刻，除他以外，你没有别的选项了。

很多人选择结婚，只是因为怕了。怕年龄大了，怕父母唠叨，怕孤独，怕从女汉子变成老女汉子，怕从"单身狗"变成单身老狗……

于是，很多人慌慌张张地结了婚。一开始，他们被婚纱和戒指引诱；后来，他们被孩子的哭闹声和锅碗瓢盆的叮当声所累；最后，他们枕着对枕边人的不满、靠想念那个爱而不得的人，艰难入睡。

**婚前唱的是："我希望，最初是你，后来是你，最终也是你。"**

**婚后听到的却是："我希望，洗碗是你，赚钱是你，辅导作业还是你。"**

关于婚姻，我希望你尽早明白这10件事：

1. 都说"不以结婚为目的的恋爱就是耍流氓"，实际上，只以结婚为目的的恋爱才是耍流氓。

2. 婚姻常常与爱情、金钱联系在一起。但在大多数情况下，爱情的作用会被严重高估，而金钱会被严重低估。

3. 婚姻对有的人而言，只是披了一件爱情的外衣而已。有的人结婚是为了延续香火，有的人是为了找个帮手，有的人是为了找个队友，还有的人仅仅是因为"玩够了"。

4. 结婚证这种东西，仅仅能证明两个人躺在床上合不合法，并不能证明两个人一起生活合不合适。

5. 事关忠诚，在没有发生时不要轻易怀疑对方，在确认发生后不要轻易怀疑自己。

6. 事关浪漫，互相揣着真心，就足够浪漫。陪你看日落的人，比日落浪漫。

7. 不要对婚姻抱太高的期望，绝大多数人一辈子都遇不到灵魂伴侣，绝大多数人在一起很多年也达不到灵魂共鸣的程度。

8. 结婚不是挑选完美的另一半，而是要想清楚"我要什么"和"我能忍什么"。你喜欢一个安稳不撩骚的人，就得接受他有时候比较木讷，不够浪漫；你喜欢一个干净纯洁的人，就得接受他有可能有点简单，不够成熟。

9. 有一个庞大的产业专注于帮助男男女女寻找优质的另一半，但几乎没有任何产业专注于让男生成为更好的男朋友或者更称职的丈夫，让女生成为更好的女朋友或者更好的妻子。所以相遇不难，但相处很难。

10. 婚姻只是人生的一个选择，不管是不结婚，还是离婚，都只是搞砸了婚姻，并没有搞砸人生。

· 4 ·

在古代，结婚不叫结婚，叫成亲。就算是没读过书的人也能明白，成亲的意思就是成为亲人。

结婚这件事，不该只是因为"需要有人陪"，结婚之前最好你们俩都已经在漫长的单身日子里将各自的灵魂雕刻完毕，即使没有他人相伴，你们也能独自摇曳生姿。

不该是为了合法地享用对方的财产或免费的"好"而结婚，最好是你们俩都有一定的物质基础和精神财富，有能力去负担自己的情绪和自己原本的生活。

也不该只是因为激情而结婚，因为激情终会被柴米油盐淘洗成平淡的日常，山盟海誓也会在时间的冲刷下逐渐褪色。

结婚的最好心态是：

我们彼此需要。你的黄桃罐头有人开盖了，我的羊角蜜瓜有人切瓣了；你不用担心半夜有流氓猛敲房门却束手无策，我也不用担心某一天病倒在床却无人问津。

我们不用端着。你可以大大方方地啃指甲、剪脚皮、抠鼻屎、打嗝放屁、坐在马桶上大声喊"没有纸啦"；我可以不化妆，可以哭出来，可以衣服不合身，可以把菜炒煳。

我们互相坦诚。我在乎你的喜怒哀乐，你愿意听我的喋喋不休；你可以肆无忌惮地嘲笑我脑子不好，我可以堂堂正正地说你像个傻瓜。

我们愿意配合。我愿意在穿着打扮方面为你改变一点点，你也愿意在生活习惯方面为我妥协一点点。

我们知道彼此的优点、缺点、长处、短板、骄傲和尴尬的往事，基于了解、喜欢、信任以及爱，我们两个人决定并肩作战，组成面对这世间悲喜的人生同盟。

**结婚的意义就是：我们的爱要溢出来了，需要一个家去把它包住。**

那么，和一个喜欢的人结婚是什么感觉呢？

你会发现平淡无奇的生活开始闪闪发光，你会惊讶于这个世界上竟然有这么可爱的人，你会感叹"真的有人喜欢做饭、喜欢运动、喜欢读书"，即便在你突击检查时，他的房间也是干干净净的，他的脸上总是神采奕奕的。

你会更有底气，即便对方不能实质性地解决什么问题，但因为对方的存在，你会觉得眼前的困难"问题不大"。

你会觉得受宠若惊，因为他的父母真的会把你当成亲人，真的会再三叮嘱他对你好一点，甚至在你们俩发生矛盾的时候笃定地站在你这边。

他改变了你对爱情和婚姻的态度，也改变了你对世界和生活的态度，让你觉得这个烟熏火燎的世界和鸡零狗碎的生活都是值得歌颂的。

**真心遇到真心，就是最好的门当户对。**

·5·

曾问过一个幸福的女人："你是如何解决婚姻中的各种问题的？"
她的回答竟然是："假装自己没有老公。"

她的策略是，家务活能干多少就干多少，实在干不了就请保姆。男人心疼钱了，自然就知道心疼人了；教育孩子的事情能做到什么程度就做到什么程度，搞不定了就"扔"给男人，他体会到了检查作业有多令人恼火，自然就能懂你的"动不动就发火"。

她说："我不期待，也不命令，但凡他参与了家务，不管做得好坏，我都使劲儿夸；他没有参与，我也不抱怨，跟男人抱怨家庭生活，无异于对一个盲人抱怨阳光刺眼。就算是发现了他藏的私房钱，我也会假装没看见。与其在婚姻里步步紧逼，不如睁一只眼闭一只眼。"

曾问过一个家庭和美的男人："怎么才能让一个很少下厨的女人做出全

世界最好吃的菜？"

他的回答竟然是："不管她做得怎么样，都要假装这是全世界最好吃的菜，吃光就行了。"

**一流的婚姻是互相配合，二流的婚姻是互相凑合，三流的婚姻是"都别想好好活"。**

成年人的爱情，是两个疲倦的灵魂在寂寞的荒野里搀扶前行。所以，越是遇到问题就越要避免指责，因为你们只有两个人，与你们针锋相对的是整个世界。你们俩一旦吵起来，世界就会将你们分而破之。

怕就怕，你一边抱怨丧偶式婚姻，一边对所有家务大包大揽；你一边抱怨对方是个甩手掌柜，一边又指责对方什么都做不好。

结果是，狠话被你说光了，人也被你得罪完了，累死累活的还是你自己。

人其实是非常敏感的动物，尤其是当一个人认为自己为了爱情、为了这个家付出很多的时候，就特别需要另一半的认可和肯定。

当另一半表现出不认可、不感激、不接受、不耐烦的时候，或者说出"这不是我想要的""我要的是那个""我不喜欢这种方式""我喜欢那样"之类的话时，他就会产生巨大的挫败感。结果是，这个人会选择后撤，甚至是退出。

离婚最常见的原因是，妻子感觉自己无法再依靠丈夫，而丈夫觉得自己的付出没有得到应有的感激。换句话说，丈夫觉得自己的付出不值得，而妻子不觉得丈夫付出了什么。

所以，要学会感激。哪怕是帮忙做了一顿饭，刷了一双鞋子，递了一下卫生纸，都要和对方说谢谢，不要错过任何赞美和肯定对方的机会。

要创造机会一起做点什么。不管多忙碌，都要抽出一段完整的时间陪伴彼此，一起做饭，一起散步，一起刷剧，一起收拾房间……

要学会示弱。只知道逞强，不懂得示弱，在情感关系中可以视为一种"残疾"。

还要学着"装傻"。装傻不是让你忍气吞声，而是学会看破不说破。

**我理解的"装傻"，就是用傻气把自己的脾气打磨成两个人的默契。**

·6·

为什么很多人惧怕结婚？

因为你觉得"一个人过得挺好的"，因为你见过了太多的"婚姻失败案例"，甚至包括你的父母很可能就是婚姻的失败者。

因为在你看来，这种"人生大事"，没有人教就算了，周围还有一大群胡乱指点的，太烦人了。

因为你的内心充满了困惑："我真的能够和一个陌生人共度余生吗？""我真的可以做到全心全意地信任一个人吗？""我真的可以让一个人爱我一生吗？"

那为什么很多人在年轻的时候抗拒结婚，但是过了某个年纪又会考虑婚姻呢？

因为当你年轻时，你有旺盛的精力、饱满的情绪，以及无限的可能性。你当然可以活得潇潇洒洒，策马奔腾去享人世繁华，自然不想把这美好的人生交给房贷、车贷，受限于相夫与教子。

但是，当你在社会上摸爬滚打了几年之后，当万丈豪情的你被生活拍打得灰头土脸的时候，当你的事业进入瓶颈期的时候，当你被生活的压力压得抬不起头的时候，当你被烦人的工作和无休止的加班折腾得没有那么多精力、没有那么好的情绪状态的时候，当你的父母日渐衰老甚至是离开你的时候，你就会想要支持，想要陪伴，想要一个安静、安全的港湾。

是的，人生海海，心里住了一个人，活得就会更有盼头。如果恰好还能被那个人坚定地选择，那么你就会无所畏惧地做很多事。得到了拥抱和亲吻的一天，远比什么都没有的一天，要好很多。

**不是早就有人说了吗：没有爱不会死，但有了爱会活过来。**

这个世界太大了，而人生的路又太过漫长，父母也好，兄弟姐妹也罢，都像车窗外倒退的风景，只有伴侣才会和你一路同行。

很多人所谓的"我一个人过得挺好"，是指皮囊新、责任轻、身体好的时候，可你想过没有：当你的皮囊旧了、责任重了、身体差了，你该怎么办呢？

影视剧里经常有人发毒誓，比如"天打五雷轰""死无葬身之地""断子绝孙"……但最狠的应该是"有违此言，我不得善终"。年轻的时候，你只身一人仗剑走天涯当然很爽，但是老了呢？你拿不动刀剑了，却又身在江湖，仇家找你怎么办？突然在卫生间里摔倒了怎么办？

我知道，你还养了一只肥猫或者一只萌狗，可它们是会打 120 呢，还是会人工呼吸呢？

我不是骗你结婚，也不是怂恿你随便找个人凑合，更不是逼着你将婚姻列为人生的必选项。没了男人的女人，或者没了女人的男人，就像"没了自行车的鱼"，真的不是什么大不了的事。

我只是觉得，把"现在一个人过得很爽"当作拒绝婚姻甚至是诋毁婚姻的理由，略显幼稚。

希望你是真的"一个人过得很好"，而不是用"我一个人过得挺好的"来做掩护，以防被人发现自己只是没有吸引力，并且缺乏识人的能力和与人相处的能力。

希望你只是因为工作或者生活上遇到了小麻烦而心烦意乱，而不是因为没有人追、被催婚、相亲对象越来越差劲或者是身边的某某又结婚了，而眉头紧锁。

**我只是替你担心，怕你不是心情不好，而是行情不好。**

## ·7·

为什么年轻的时候，在一片星空之下，一个男孩用一束野花、一枚草编戒指就可以把一个女孩娶回家；而婚后没多久，两个人还没来得及感叹爱情的伟大，就开始因为大事小情而吵得惊天动地？

为什么有的人为了婚姻放弃事业、放弃家乡、放弃原则，希望用自己的牺牲来换对方的疼爱，可换来的却是疼痛呢？

为什么单身的人都在想方设法挤进婚姻的围城里，而已婚的人又隔三岔五地想从里面出来？

周国平老师总结得非常精辟：性是肉体生活，遵循快乐原则；爱情是精神生活，遵循理想原则；婚姻是社会生活，遵循现实原则。

婚姻并不是"执子之手，与子偕老"的童话，而是"柴米油盐酱醋茶"的现实。

翻遍整部《婚姻法》，里面没有一句是谈爱情的。《婚姻法》从头到尾可以总结为两个词——"权利"和"义务"。

具体而言就是：在什么情况下，谁应该分多少好处；在什么情况下，谁应该担起哪些责任。

从这个角度来说，婚姻的本质是契约，就是"我有什么，我愿意为你付出什么；你有什么，你愿意为我承担什么"，然后，我们一起去搞定人生路上各种各样的"我不敢"和"怎么办"。

所以，不要总是纠结于"为什么那个人不喜欢我"，而是要想一想："我能为对方提供什么样的价值""如果我是异性，我会喜欢自己吗"。

也不要动不动就谈"感觉","感觉"说白了是"你被别人吸引了",那不是你的本事,那是人家的本事。

更不要动不动就强调"我会对你好",假如"对一个人好"就可以得到爱情和婚姻,那就不存在"屡屡被拒绝"的单身狗了。

如果你是男人,别把你的雄心壮志或者"对她好"作为婚姻的筹码,能作为筹码的必须是对方真正需要的东西。如果仅凭真心就能搞定生活中的衣食住行,就能搞定房子、车子、学区和病床,那你可以试一试你的真心。但如果你的真心连一个馒头都买不了,那就请你不要举着你的"真心"招摇过市,然后指责别人有眼无珠。

如果你是女人,你当然可以凭借年轻和美貌谈一场舒舒服服的恋爱。但你得明白,年轻和美貌这两样东西只是婚姻的敲门砖,就像凭借名校的学历能够相对容易地进入大公司一样,至于能在大公司里活成什么样子,还得看你的真本事。别忘了,年轻和美貌是会随着时间贬值的。

**不管你是单身、未婚,还是已婚,希望你能记住这3点:**
1. 对方怎么样很重要,对方的家人怎么样同样很重要。
2. 选择一个对你好的人很重要,他本身就是很好的人更重要。
3. 爱你很重要,挺你更重要。

## 7. 不要和不爱你的人比心狠：
人人都在嘲笑癞蛤蟆，却无人谴责假天鹅

Q：辜负了一个很好的人，以后会遭报应吗？

· 1 ·

突然被分手，是什么感觉呢？

就像是得了风湿病，天气好或者大白天的时候没什么事，可赶上阴雨天或者一到晚上就疼得想死。

就像是认真备料、精心烹饪、耐心煎炒焖煮之后，做出了难以下咽的饭菜。

就像是一个 80 岁的老人，打了 80 桶水，挑到 80 里外的麦田里，浇完了才意识到，浇的是别人家的麦子。

就像是认真搭了好久的积木，被那个人随手一抽，全塌了，留你一个人满脸错愕地看着一地狼藉。

可你不得不接受，这跟你爱不爱没关系，跟你舍不舍得也没关系，因为对方已经不爱了，这段关系就不复存在了。

让你耿耿于怀的也许不是"没能在一起"，而是他的虚情假意。

他摁门铃的时候,你其实是犹豫过的,你提醒他"是不是敲错了",而他反复确认说"没错,就是你"。

于是,你打开了门,卸下了全部的防御。你满心欢喜地领着他进门,他坐在你的沙发上,喝你泡的茶,吃你切的水果,听你讲你的故事,等你把自己和盘托出,他却起身一走了之。

更糟糕的是,你以为这就结束了,只是错付了真心而已,没什么大不了的。你以为真心是取之不尽、用之不竭的,直到跟下一个人交往时,你才发现自己很难再拿出那样的真诚和热情了。

是的,他不仅浪费了你的真心,还顺手拿走了你的真诚、勇气、信任以及期待。

**恐怕只有爱过的人才能体会这种糟糕的感觉:靠近他,就像是靠近了痛苦;远离他,又像是远离了幸福。**

·2·

有个男生问我:"老杨,我喜欢的女生换了签名,你帮我看看是什么意思,她是不是有喜欢的人了?"

说完给我发了一张截图,图里是那个女生的签名档:"今天晚上有两个月亮。"

我问他:"你看得懂吗?"

他说:"看不懂。"

我说:"看不懂就说明这不是给你看的。"

男生发了几个捂脸的表情,然后开始解释:"我们认识半年多了,一起爬过山、逛过街、看过电影,我们所有的社交软件都互相关注了,我的每一条朋友圈她都会点赞,她的每一条微博我也都会评论。我一度以为,过了这个暧昧期,我们就会顺理成章地谈恋爱,但是我最近才意识到,她从来不跟我合照,也一直对外宣称自己单身。我问过她愿不愿意跟我在一起,她每次都回避这个问题。"

我说:"就像是,你问她'yes or no',她回了一个'or'。"

男生发了一长串捂脸的表情,并且说:"对对对。"

我回道:"其实你知道,她并不喜欢你,她只是喜欢被你喜欢。"

**程序没响应,那就结束吧。**

没有身份的占有欲注定是可悲的。进一步没资格,退一步又舍不得,连吃醋都名不正言不顺。

问题是,连见面甚至回复消息都很奢侈的关系,你靠什么去维持?

都说"一见钟情不过是见色起意,日久生情不过是权衡利弊",那么拖着、吊着无非是:对方既没看上你,又不愿舍弃被你疼爱、被你仰视的感觉。

就像那首歌唱的那样:"你要的不是我,而是一种虚荣,有人疼才显得多么出众。"

假装爱一个人很容易,只需要隔三岔五地跟对方说"我以后要和你……",

然后把头像、签名、壁纸统统改成与他有关的内容，带他去见朋友、父母，节假日再送一点小礼物……可是你知道吗？当一个人倾尽所有地对你好，之后才知道你并不爱他的时候，他没个三五年是走不出来的。

那么你呢？你有没有遇到过类似的人：

你很喜欢他，但你们不是情侣；他会频繁地跟你互动，但不会回应你的表白；他愿意跟你一起玩，但不会公开你的存在。

你一开始很享受这种暧昧的感觉，甚至不惜投入大把的时间、精力和感情，可当你试图把这段关系升级为"恋人关系"时，对方却有意无意地往后躲，让你觉得"我好像是在自作多情"；可当你试图跟他拉开距离，让这段关系退回到正常的"朋友关系"时，对方又主动来找你，让你觉得"我好像还有戏"。

时间一久，你心动的感觉里就夹杂了越来越多的糟心，因为你没办法拥他入怀，又不舍得让他离开。

你纯粹的爱意里就会掺杂越来越多的猜忌和委屈，因为你不知道他到底是什么意思，也不确定这样继续下去有什么意思。

你当然可以骗自己，说他只是害羞，说他只是没想好，说他只是需要时间了解你。

但我还是忍不住要提醒你另一个更残忍的可能：他只是觉得，你做他的恋人，还不够格。

他忽冷忽热的态度就像某公司发的"面试失败通知"：

"亲爱的追求者,谢谢您的积极参与。您近期的表现和无微不至的关怀给我留下了深刻的印象,这让我非常感动。但我还是很遗憾地通知您,您未能通过本人的择偶筛选环节,在此我深表歉意。我已经保存了您的联系方式,并放进了备胎名录,在我闲得无聊时,我可能会再次联系您。感谢您对我的追求,也希望您一如既往地关注我、关心我,让我们始终保持这种暧昧的联系。"

不要把你的爱、温柔、美好,像赠品一样慷慨地浪费在不被需要的地方和受轻视的地方。

反正我个人的偏见是:没有明确地说喜欢你,就是没那么喜欢;没有明确地表示接受你,就是没感觉;没有大大方方地告知天下,就是你还不符合他的恋人标准。

·3·

还有一个男生,大半夜给我发了几十条私信,讲他自己有多渣,以至于辜负了一个好姑娘,他飞了一千多公里去找前任复合,但前任连见都不见他,只丢下一句话:"我还爱你,但是,我已经不喜欢你了。"他问我:"这是什么意思啊?"

我不留情面地说:"大概是,你仍然美好得让她心动,但她已经没有勇气和力气去拥抱你了;你仍然在她的心里占据着重要的位置,但是她对你已经毫无幻想了。所以请你赶紧滚蛋,赶紧消失。"

他又问:"辜负了一个既深情又很好的姑娘,我会遭报应吗?"

我依然不留情面地回复道:"你不会遭报应,你肯定不会,毕竟啊,那么浑蛋的你放过了那么好的她,这可是积福积德的事情。假如以后你遇人不淑,那也不叫遭报应,那只是你应得的,因为你只配得上那样的人。"

为什么人总是在失去之后才懂得珍惜呢?

因为人总以为后面还有更好的,却不知道眼前的才是最好的;因为在一起的时候不怕失去,甚至在失去的时候还以为问题不大。

**什么叫为时已晚?就是她穿着裙子站在你身边的时候,满眼都是你,你却在看别人。后来,她穿着裙子站在人海里,你看见了她,但她看不见你了。**

世界上最糟糕的感觉莫过于:你在分手的时候对她说了一句"祝你幸福",你本来只是装装样子,没想到她后来真的幸福了。

看她那么幸福,你有没有哭?

如果你没有哭,要不要我帮你在你的伤口上再撒一点辣椒面?

·4·

有个女生在微博上用小号问我:"你们男的真的可以一整天都不看手机吗?"

我回了几个问号,她的话匣子瞬间就打开了,洋洋洒洒敲了好几百字,但总结下来其实就一句话:"一个男生一整天不回复我微信是什么意思?"

我反问她:"他是你什么人?"

她说:"同班同学,我很喜欢他。"

我说:"哦,那就是他不喜欢你。"

她发了一句"他应该也喜欢我",然后迅速地补了一个"吧"字。

我问她:"你表白过吗?"

她说:"没有。"

我又问:"那你们平时交集多吗?"

她说:"一起去过几次图书馆,在食堂拼过几次桌,互相交换过几次笔记。"

我接着问:"然后呢?"

她说:"然后我就很生气,给他发消息总是不回我!有时候是隔了好几天才回。"

我说:"要不你直接去表白吧。"

**我的意思是,你的大学时光已余额不足,想见的人就赶紧去见,没解释的话就抓紧去解释,想表白的赶紧去表白,该做了断的马上去了断。无论结果如何,该圆满的圆满,该死心的死心。**

心动不丢人,主动追求但被拒绝了也不丢人。如果不是动了心,谁愿意做那个小丑呢?

但我要提醒你的是:你喜欢他,并不代表他欠你什么。

不管你是送花给他，还是送他回家，不论你为对方做了什么，你的行为都是你自己选的，你的付出都是你自愿的，没有人逼你。

对方不是自动售货机，你往里面投了示好的金币，就能换来一句"我喜欢你"；对方也不是饮品店的积分卡，你买够了10杯，就能换一次接吻的机会。

有些人是带着保质期进入我们的生命的。

没有谁必须对得起你的喜欢，没有谁必须一直参与你的人生。有时候是别人要进入一个新角色了，有时候是你要迈上一个更高的台阶了，大家都没错。

·5·

A："其实你没必要躲着我，如果你真的不喜欢我了，告诉我一声就好。你避而不谈反倒让我觉得自己还有希望。"

B："那好，我不喜欢你！"

A："我不信！我不信！我不信！你是有什么难言之隐吧？"

**理智告诉你，"已经不可能了"；尊严告诉你，"不能再继续了"；直觉告诉你，"不会有结果的"；你的心却告诉你，"再坚持一下，再试试看吧，万一呢……"**

你在逛街的时候会在街头找他，看到好玩的东西想分享给他，可当你厚着脸皮给他发消息的时候，他却根本不想理你。于是你很生气："怎么那么狠心呢？"

有人会安慰你,说失去是相互的,对方不怕,你怕什么。但你还是理解不了,为什么命运要赐你一场相遇,却不赐你一个永远?

越是理解不了,就越要把复杂的问题简单化。

比如,把"不接受约会"视为"不喜欢自己",把"不主动找我"视为"不想和我交流",把"不沟通"视为"不想和我继续下去"。

"和谁在一起不开心就不跟谁玩,和谁在一起开心就跟谁玩",这种小时候就懂的道理,长大后请不要忘了!

不用担心失去了他会怎样。你该担心的是,如果将来有幸和另一个心动的人相遇,自己是不是有与之相配的分量?

不用强调你对这段感情的牺牲有多大。一个残酷的事实是:越是弱势的一方,就越喜欢用自我牺牲来表达爱意。

不要从对方曾经的嘘寒问暖中寻找爱的痕迹。你要明白,有人对你好和有人只对你好,是两码事。

不要因为对方不回应就指责对方无情。一个残忍的真相是:他本来就想淋雨,是你非要给他打伞,他没有怪你多管闲事,你却说他不识好歹。

**越是觉得自己离不开他,他就越有机会伤害到你。** 就像游戏说明里会写着"请勿沉迷游戏",就像香烟包装上会写着"吸烟有害健康",因为他吃定你了,"反正你离不开我",所以才敢那么肆无忌惮地一边警告你,一边伤害你。

不管是恋爱后分手,还是暧昧后无果,你都要明白这 3 点:

1. 如果对方不愿意和你出去,不主动找你说话,即便是和你说话,也只是简单地回应,并不热情;即便是和你一起吃饭,但坚持 AA 制,并且从来不收你的礼物;即便是和你有交集,却一直刻意保持距离,那么拜托你清醒一点,对方不是在吊着你,而是在委婉地拒绝你。

2. 如果一个异性知道你有恋人还要勾搭你,那是他恶心;但如果勾搭你的那个异性完全不知道你有恋人,那是你恶心。

3. 不要为某个"一心想走"的人彻夜难眠,你的肝和肾都很累;不要为某个已经不喜欢你的人伤心流泪,你的面膜和眼霜都很贵。

最后,祝有爱的人能够真心相爱,祝不被爱的人能够自由自在。

## 8. 父母存在的意义：
### 没有任何一个玩具，可以填补父母不在身边时的空白

Q：为什么家会伤人？

· 1 ·

先回答为人父母的两个问题：

1."为什么我们家养不出温柔安静、不虚荣、不花里胡哨、单纯且有灵气的孩子呢？"

因为"温柔安静"需要父母有很好的教养，以及很好的情绪控制能力。

因为"不虚荣"需要一定的见识，以及很好的家教。

因为"不花里胡哨"需要一定的审美，也需要父母有不错的审美。

因为"单纯、有灵气"需要从小被家里人保护得很好，而且亲近的人都要有自己的思想。

大多数人以为这些形容孩子的词语是很正常的，但实际上，它们每一个词都比"漂亮、高学历、有钱"这类形容词更加难得。

**是的，贫瘠的土壤只会长出歪瓜和裂枣，肥沃的土地上才能长出水灵的果蔬。**

2."为什么我为孩子付出了那么多，换来的却是他恨我？"

因为你对他说"我是你爸，就算我错了，你也不能反驳"的时候，他觉得自己面对的不是什么血缘至亲，而是一个蛮不讲理的混混。

因为你让他觉得自己很糟糕。不管孩子想做什么，你都第一个站出来反对："不行""你不是那块料""你看看人家"……

因为你给不了孩子较高的经济起点，却要强调"儿孙自有儿孙福"，然后等孩子好不容易翻了身，你又来一句"百善孝为先"。

因为你希望自己的孩子在家是听话的羊，在外是厉害的狼。可是你的养育方式更像是在培养听话的羊，同时又拿外面厉害的狼来做比较。结果你家的羊被逼无奈，借了一身狼皮就去闯天涯，当他在外面受了伤，第一反应当然是"都怪父母"。

因为你把孩子当成了你的私人物品，不管做什么，你都说是"为了他好"。这种想当然的好，以"亲情"和"爱"的名义过度包装，让你在孩子面前越来越理直气壮，仗着"我的动机是好的"就粗暴地干涉孩子的生活，却忘记了尊重孩子。

**试问一下，一个孩子在家里都得不到支持，又凭什么立足于江湖？**

·2·

再来回答为人子女的两个问题：

1."为什么爸爸妈妈不理解我的困惑、苦恼、绝望和压力，只会没完没了地唠叨、催婚和催生？"

因为父母意识不到有些事情对你来说是一种伤害。他们眼里的伤害是具体的，比如被打、骂、抢，但他们不能理解在你面前说别人家孩子优秀会让你很受伤。

因为他们理解不了你的绝望。在他们那个年代，最要紧的事情是生存，只有吃不上饭才叫绝望。

因为他们的绝望已经过去了，他们的伤疤已经被时间磨平了。而你的绝望正在当下，正在经历中。

就像拔牙一样，拔过的人会说："还好吧，疼两天就过去了。"可是正在拔的人，会感觉自己疼得脑浆子都快要沸腾了。

因为他们早就在生活的战场上摸爬滚打过，知道哪里有坎儿，哪里有沟。

因为他们生过病，知道两个人在一起能互相搭把手，知道发高烧吃不下饭时会有人送一碗粥。

因为他们知道人无千日好，花无百日红，所以催你快点结婚，想让你赶个早集。

因为他们知道人有生老病死和旦夕祸福，所以担心你一个人没能力照顾好自己。

因为他们怕你选错了，怕你照顾不好自己，怕你掉进沟里，所以忍不住会唠叨，会劝你再想一想，会对你的决定"说三道四"。

**全天下的傻孩子，如果不是光阴步步紧逼，父母也想帮你把路铺到长命百岁。**

2."父母既然生了我，就应该对我好，对我慷慨大方，不然为什么要生我呢？"

等你走向社会，需要自己找工作，自己谋生活的时候，你就知道钱有多难赚，钱又有多不禁花。当你需要为房贷、车贷、奶粉、孩子的学费、辅导费买单的时候，你自然就要学着精打细算。

等你结了婚、有了孩子，需要你在工作的焦头烂额之余，再去辅导一个脑袋不太灵光的孩子写作业，陪一个精力无限的"神兽"到处蹦跶时，你就会明白，父母之所以有时候顾及不到你的情绪，很可能是因为他们一天到晚太累了，累到已经榨不出更多的精力分给你。

很多时候，不是父母不想有耐心，不是父母不想好好地陪你，而是他们真的做不到。

当他们上了一天班，被领导臭骂了一顿，被同事气个半死，然后匆匆赶去买菜，急着回家做饭，再收拾屋子，然后发现，你一直在那儿看电视，不仅作业没写，还把雪糕蹭到沙发上，把玩具撒了一地，而提醒你写作业的时候，还被你翻了一个白眼，他们能有好脸色吗？

我并不是想强迫子女去理解父母，而是希望子女能够更多地了解那个有点庸俗还有点好面子的男人，以及那个有点唠叨还有点固执的女人。

去了解父母的原生家庭是怎么样的、他们在成长过程中经历过什么，他们是怎么结的婚、怎么有的你，他们怎么过日子、怎么应对诸如"生病了""没钱了"的困难，以及他们每天的日常和吃喝拉撒……

当你了解了这些，你就大致可以理解："他们为什么不理解我""他们为什么会那么做、那样想""他们为什么要那样活着"。

当然了，如果你觉得父母的观念落后、见识浅薄，那么你就没必要听他们的建议。

但是，不听建议，不等于你有资格鄙视他们；不服从他们的安排，不等于你非要跟他们对着干。

如果你感受不到父母的爱，或者你不懂得如何去爱父母，那只能说明你还没有掌握爱这项技能，不能说明他们不爱你。

**永远记住：所有不会爱的大人，都曾是不被爱的小朋友。**

·3·

不知道你们有没有看过这样的新闻：
男孩A的宠物大闸蟹被爸爸煮熟了，A边哭边啃；
男孩B的父亲醉酒后和B发生了争吵，一怒之下掀翻了孩子所有的模型，

B 哭得上气不接下气；

女孩 C 养了两年的小狗，被奶奶以十块钱的价格卖给了狗贩子，C 哭得嗓子都哑了，奶奶却在旁边咧着嘴笑；

男孩 D 最喜欢的一本书被妈妈藏起来了，只因 D 总是跟妈妈生气，后来甚至因为一次闹别扭，妈妈干脆把 D 这本书撕了个粉碎；

女孩 E 有一只养了很久的猫，当命根子一样照顾着，但父母觉得猫太脏，趁 E 外出的时候私自把猫送人了。

这些家长对孩子最喜欢的东西下手，理由仅仅是"担心你玩物丧志""狗会咬人""猫脏"，以及"你不听话"，总结来说就是："我虽然伤害了你，但我是为了你好。"

久而久之，这种严重缺乏尊重的养育方式，导致很多孩子关闭了心门，从此拒绝跟家长沟通，只留下大人们独自困惑："这孩子怎么什么都不愿意跟我说呀？"

**一个家庭最大的悲剧，不是困于贫穷，而是无法沟通。**

为什么很多子女不愿意跟父母沟通？

因为很多父母需要的不是沟通，而是服从。这样的父母总希望在孩子面前是权威，他们觉得孩子是自己生的、自己养的，所以就得听自己的，自然接受不了"自己的私人物品"敢"跟老子翻脸"。

因为父母给孩子报的兴趣班，孩子根本不感兴趣，而父母觉得这并不重要，重要的是：别的孩子都报了。

因为孩子跟父母说："有人嘲笑我走路的样子像鸵鸟，我很难过，我都为此哭了好几回。"而父母的反应是："这么点事就要哭？"

因为孩子跟父母说："这个工作太让人生气了，老板太苛刻，同事很混账，下个月不干了。"而父母的反应是："嚷嚷什么呀？你每天坐在办公室里，风吹不着，雨淋不着，对着电脑就把钱挣了，还挣得不少，有什么好委屈的？"

还因为父母总是忙，忙着工作，忙着养家，忙着应酬，然后用无数的玩具来替自己向孩子表达爱意。

**可问题是，世界上没有任何一个玩具，可以填补父母不在身边时的空白。**

这就好比说：

有的人种树，只管种，不浇水，不施肥。树长大了，他就来收果子。

有的人种树，苛求每根树枝都按自己的意愿生长，看到哪根长歪了，"咔嚓"就剪掉，也不管树会不会受伤害。

还有的人种树，明明种的是橘子树，却想着收获柚子。橘子树当然长不出柚子，于是他埋怨道："你看别的树都能长柚子，再看看你，真没用。"

那么，无法跟父母沟通的子女，到底有多绝望呢？

就是子女对父母没有任何期待了，只想赶紧从家里逃离，从父母的世界里消失。至于将来，再困难的事情也只想自己解决，再开心的事情也只想自己庆祝。

就是子女和父母在一起时，是感受不到亲情的，感受到的只有无尽的压力。因为顺着父母不行，逆着也不行，不说话、不表达还是不行。

就是子女不能有自己的观点和选择。跟父母的意见一致时，他们会说"都听你的"；但跟父母的意见不一致时，他们就会再三提醒你："你再好好想想。"

就是子女会对未来充满恐惧：怕当小孩，怕父母对自己不好，怕父母通过自我牺牲来制造愧疚感；怕恋爱，怕结婚，怕嫁给一个像爸爸那样的男人，怕娶到一个像妈妈那样的女人；也怕当父母，怕自己的糟糕经历会在孩子身上再次发生。

就是子女会对人生感到失望。失望的不只是"有些东西再怎么努力也得不到"，还有"父母的理解和爱"竟然也在"有些东西"里面。

那么问题来了，什么时候适合生小孩？是趁着身体状况最好的时候吗？是做好了心理建设之后吗？是拥有了足够的物质条件之后吗？是遇到了喜欢的人之后吗？

还不够。

生小孩最好的时候是：你已经体验到，人生虽苦，但还是有很多快乐，人间虽然喧闹，但还是值得走一遭。所以你下了决心，要把这个世界，介绍给一位小朋友。

**如果子女的出生，只是为了继承父母的抱怨、恐慌和戾气，那么不生也是一种善良。**

· 4 ·

有人高考没考好，特别沮丧，对他爸爸说："我做什么都做不好，我跟别人比太糟糕了，我怎么这么差劲呢？"

他爸爸很认真地回复道："在我心里，你永远胜过别人。"

有人因为考研的事情很焦虑，就对妈妈说："你帮我祈祷一下，祈祷我考上研究生。"

她妈妈回答说："我只祈祷你快乐，如果考上研究生能让你快乐，我就祈祷。"

有人25岁还没谈过恋爱，他沮丧地发了一条朋友圈："在这个世界上，真的会有女孩子喜欢我吗？"

他妈妈评论道："当然有啦，妈妈第一次见你的时候，也才二十几岁呢。"

有人在学校里被冤枉偷东西了，老师喊来了她爸爸。听完老师和同学的讲述，她爸爸蹲下去温柔地问她："是你拿的吗？"

她坚定地说："不是我！"

她爸爸马上提高音量说："你说不是你拿的，那就一定不是你。"

有人失恋了很难过，半夜发了一条朋友圈："没有人真的爱你。"她忘记屏蔽妈妈，早上打开手机一看，瞬间就"泪目"了。

妈妈的评论是："妈妈爱你呀！"

父母存在的意义，就是给孩子充分的安全感。当一个人确信有父母疼爱自己、支持自己，那么就永远都有退路。即便生活充满了波折，即便爱情不顺利、婚姻不幸福，那也问题不大。就像是出海的船只，即便遇到了风浪，但总有港湾可以退避，它就没那么容易被摧毁。

爱是包容，是鼓励，是温暖，不是苛责，不是打击，不是绑架。

**怕就怕，蛮不讲理的父母却埋怨孩子性格懦弱，情绪频频失控的父母却希望孩子乖巧懂事，整天刷视频、打牌、喝酒的父母却指责孩子不爱读书，乱发脾气的父母却批评孩子脾气暴躁，沉溺于享乐的父母却盼着孩子奋发图强，一概不管的父母却希望孩子事事比别人强，好给自己长脸。这怎么可能呢？**

·5·

为人父母的可能会觉得，孩子上学的时候，我帮他选就业前景好的专业；孩子毕业了，我就在老家帮他找一份稳定的工作；然后帮他买房子、找对象、带孩子……只要他生活安心，我也可以放心了。

但为人父母的可能搞错了，孩子出现在这个世界上，是为了见识这个世界的，而不是单纯地"让你放心"的。

如果一个人的一生都是身不由己的，活得就像小肥羊的羊、肯德基的鸡，那么他大概率会说："我宁愿从来没有被生下来。"

**家是港湾，不是公堂；爱是理解，不是禁锢；生是见识，不是活着。**

幸福的原生家庭充满了松弛感。当出现问题的时候，父母不会互相指责，而是会团结在一起解决问题。比如，爸爸找不着车钥匙了，妈妈会开心地说："太好了，我们可以全家骑自行车去玩咯。"

又如，妈妈记错了学校集体出游的日期，爸爸会开心地说："太好了，今天去那里玩，肯定不会人挤人。"

这样的父母还知道不断地调整跟孩子的关系：
他们一开始的身份是守门员，竭尽全力地守护孩子的周全；
然后成为教练，教孩子为人处世的本事；
然后成为啦啦队队员，退到场边为孩子加油助威；
最后成为观众，退到观众席上，任由孩子自由发挥。

在这种环境里长大的孩子，性格多半开朗，而且敢作敢当；懂得关心他人，但不会取悦任何人。

这样的孩子从小就见识过爱是什么样子的，所以不会因为一点甜头就奋不顾身，不会因为一点不爽就反目成仇，不会因为不被爱就自轻自贱。

而糟糕的原生家庭充满了紧张感。父母总是在小事上消耗彼此——忘记带钥匙了,不小心把水弄洒了,养死了一盆绿植,饭菜做咸了……

明明是一些可以忽略或者很容易补救的小事,却被无限放大,他们吵得就像天要塌了一样。

这样的父母总喜欢把"我什么都要管"和"都是为了你"捆绑起来,把"你看我活得这么辛苦"和"都是为了你"也捆绑起来。

他们省吃俭用,到处强调要把省下的都给孩子;他们吃剩菜剩饭,穿很多年不舍得换的旧衣裳,然后再三跟孩子强调生活的累与苦。

更有甚者,会把贵重的水果放到冰箱里,舍不得吃,等放坏了再拿出来,削掉坏的部分吃。

在这种环境里长大的孩子,心力交瘁,如履薄冰,遇到一点小事就会暴跳如雷,表面上看似谦虚谨慎,实际上不敢担责,一遇到事情首先想着"这不能怪我"。

即便活到30岁,他依然感觉自己的脑袋后面悬着父母数落自己的食指。

最可怕的不是原生家庭贫穷,而是原生家庭触发的自卑人格与悲观情绪。

当父母跟孩子诉苦、抱怨、发脾气的时候,其实是在将自己的焦虑、恐惧、委屈、愤怒都发泄到孩子身上。

可问题是,孩子什么都做不了,只能在狂躁和抑郁之间摇摆,直到身体里美好的东西被那些负面的东西吞噬,然后变得自卑、敏感、悲观。

**更糟糕的是,小时候情绪经常被忽视的孩子,长大了往往会拼命找认同;小时候容易紧张的孩子,长大了也容易焦虑。**

所以，想给为人父母的提6个醒：

1.不要再跟你的孩子说，"要不是因为你，我也不会……""我辛苦一辈子，还不是为了你""我辛辛苦苦把你养大，你就这么报答我""跟你说那么多，还不是为了你好""你就听我的吧，难道我还能害你吗"……这些话就像缠在孩子身上的一股股麻绳，每说一次，绳子就拧紧一次。

2. 两代人之中总有一代人要吃苦，做父母的不吃，那就孩子来吃。
穷人的孩子能不能早当家不一定，但穷人的孩子早受罪是一定的。

3. 如果有一天，你对婚姻感到后悔了，那不能怪孩子。你不是因为孩子才当爸爸或者妈妈的，你是因为爱你的丈夫或者妻子才选择做爸爸或者妈妈的。

4. 人很现实，如果父母混得很差劲，那么父母在孩子面前可能没什么权威，父母的道理也就没什么说服力。因为孩子会觉得："如果你说的道理有用，那你就不会混成这样。"
所以，即便有的父母用暴力让孩子"服气"了，但孩子的心里依然有一个震耳欲聋的声音在反抗："喊！"

5. 养儿防不了老，涂防晒霜才防老。所以请像爱孩子那样爱自己，像维护孩子那样维护自己。

你是怎么爱孩子的呢？比如把最好的东西都留给孩子。你是怎么维护孩子的呢？比如"谁要是敢动我孩子一根汗毛，我就跟他拼命"。

对对对，你就要这样对你自己。

6. 不要把你的生活设定为"围着孩子转"的状态。

这会让孩子感到害怕，怕将来还不起这份恩情，怕将来要被迫为你而活，怕没办法像你那么伟大，怕自己会自私到只想为自己而活。

优秀的父母一辈子都在想着"成全子女"。孩子若是平庸之辈，那就承欢膝下；若是出类拔萃，那就让他展翅高飞。

**糟糕的父母一辈子都在想着"控制子女"。最开始的时候，他们用暴力控制；后来打不过孩子了，就用"经济"控制；当孩子经济独立了，他们又改用"愧疚"来控制。**

·6·

再说两件让人唏嘘的事。

男孩A把"晚安"发错了对象，发给了自己的妈妈。后来回家见到妈妈时，妈妈告诉他："因为那句晚安，我开心了好久。"

男孩A感慨道："如果我把以前送给别人的那些口红啊，包啊，花啊都送给我妈，她能记一辈子。而那些人根本就不当一回事儿。"

男孩B用相机的"变老特效"录了一段视频，发给了妈妈。

妈妈问:"孩子,你怎么变老了?"

男孩B答:"用了一个'变老特效'的功能。"

妈妈说:"还有吗?我想多看看你老的样子。"

男孩B问:"为什么呀?"

妈妈说:"真等你老了,妈妈就看不到啦。"

父母的世界很小,小到装满了子女;而子女的世界很大,大到可以忽略父母的存在。

结果是,父母常常忘了子女已经长大了,而子女常常忘了父母已经老了。

父母在的时候,子女习惯了他们的陪伴、爱护和唠叨,却忽视了时间的残酷,还误以为那是束缚,是阻碍,是麻烦。

不要等父母不在了,你才知道"来日并不方长",才意识到"为人子女也是有保质期的"。

**希望你早日明白:一家人整整齐齐的,就是最大的幸福。**

中国式父母大概是这样的:节衣缩食了大半辈子,终于看到孩子考上大学、进入职场、恋爱结婚、为人父母……以为自己完成了任务。

但是,做父母的并不知道,像子女这样没资本、没背景的人,上班是要看老板的脸色的,租房子是要看房东的脸色的,努力工作也是攒不下什么钱的。

中国式子女大概是这样的:对父母既深爱,又怨恨;既愧疚难当,又满不在乎。一边抱怨父母不懂自己，不支持自己；一边心疼父母工作辛苦，养自己不容易；一边想逃离这个家，一边又想挣好多钱给他们花。有时候气昏了头，也会对父母讲狠话，说完了又后悔，可心里面很委屈，因为是父母让自己浑身长满了刺。

但是，为人子女的并不了解，父母是因为生活不易才活得那么粗糙，是因为见识有限才变得那么狭隘，是因为时代进步太快才有了迂腐的味道。

所以，想对为人父母的说一句：孩子并不是自己要求出生的，而是你们决定生下来的。

如果你正在生孩子的气，请摁一下"暂停键"，把记忆的时钟拨到孩子刚出生时，反复回味当时的喜悦与激动，以及虔诚地跟神明讲的那句："不求大富大贵，只求他平安喜乐就好。"

也想对为人子女的说一句：人生最大的教养，就是接受父母的平凡。

如果你对父母感到失望，也请摁一下"暂停键"，把记忆的时钟拨到自己三五岁时，想想当时对父母的依赖和崇拜，以及无比认真地跟爸爸妈妈讲的那句："我可能不是最好的小朋友，但一定是最爱你的小朋友。"

**出身无法选择，但人生可以。如果你不是来自一个幸福的家庭，那请确保一个幸福的家庭是来自你的。**

## 9. 翻篇的能力：
### 拎着垃圾走太远的路，只会害你错过很多礼物

Q：短暂地在一起，到底是奖励，还是惩罚？

·1·

前任的哪一句话让你停止了纠缠？

"放不下是你的事，跟我有什么关系。"

"我求求你了，你放过我吧。"

"我说得还不够明白吗？"

"不要再干涉我的生活了，不要给脸不要脸。"

"我不爱你了，我对你没什么感觉了。"

"再多说一句，我就拉黑你。"

"我已经不喜欢你了，听不懂吗？"

"我没办法喜欢你了，你让我怎么办？"

"别烦我，谢谢。"

"我忍你很久了。"

"你这样我很累。"

"别再提以前了,我听着都恶心。"

"我们真的不合适。"

"祝你幸福。"

实话告诉你吧,爱情从来都不保甜。对戒没用,情侣头像没用,情侣装没用,合照没用,公开朋友圈没用,发誓也没用。

所以正确的恋爱心态是:我既确信你对我好是我应得的,又明白你对我好不是理所应当的。所以我既感激"你的好",也会回应你的好。我既有底气去接受"你的好",也有勇气去收回"我的好"。

**与你相爱时,我们满腔孤勇;与你分开后,我们素不相识。这就够了。**

如果把我们的人生比作一部电影,那么,那些你很喜欢但最终走散的人,都可以算作电影里的一个角色。

他们只是在某个时间段的某个情节里出场,他们的出场只是为了让你这部电影更流畅、更合理、更精彩。

他们必不可少,但终究不是主角,所以,镜头一切换或者戏份一结束,他们就得退场。

你只需演好你自己,在他们登场的那段时间里,好好配合他们的演出,好好感受他们带来的惊喜和落寞;但在他们退场之后,就不要再去找他们研究剧情了,毕竟作为群众演员,他们还要赶别的场子。

·2·

有人跟我讲了他前任的事，我听完就动了心，是恶心的心。

他认识前任时刚刚考研成功，是个典型的穷小子。前任也不富裕，在一家花店工作，一个月的工资是 6000 多元。前任对他很好，为他做饭、洗衣服，给他买电脑和各种衣服、鞋子。

前任满心期待着，等他毕业了，就和他结婚。

然而在他毕业前夕，他签了一份月薪三万元的工作。并且，他开始跟一位学妹暧昧不清。他特意强调了一句，"学妹的长相、衣品、学识和家境都远超前任"。

前不久，他跟前任提了分手，并坦白说他想和学妹在一起，他说感情的事不是他能控制的。

前任听完，既没哭，也没闹，而是平静地收拾东西，对他说了一句"祝你幸福"，转身就离开了。

他说他宁可前任骂他，也不要听她说"祝你幸福"，他说他要把前任这四年花在他身上的钱双倍奉还。

他问我："我把欠她的加倍还给她，是不是就算两清了？"

我反问道："她在沙漠里给了你一瓶水，你回到城市后还给她两瓶，这能算两清？"

他又说："前任已经配不上我了，这是事实吧。"

我忍住恶心，回了一个字："哦。"

我倒不是恶心男生的始乱终弃，而是恶心他始乱终弃了却还想当好人。

我倒是很理解女生的决绝，因为仁至义尽了就可以心安理得地无情无义。爱情很诡异，它既能让人像佛，也能让人像魔。爱你上头时，她是大慈大悲、柔情无限的佛；可一旦你的渣渣行为让她清醒了，她就会变成万念俱灰、冷漠无情的魔。

**爱情也很神奇，我们可以在很爱一个人的同时，依然选择和那个人说再见；也可以在很想念一个人的同时，依然庆幸那个人再也不会出现在我们的生命里。**

人性的丑陋在于，当你打心眼里觉得另一半配不上自己时，你们吵架和好了，你会觉得是自己在迁就她；你吃了她给你做的晚餐，你就觉得自己对她够好了。自始至终，你都是心不甘、情不愿的，所以你始终都有一种居高临下的姿态，你内心的潜台词是："你根本就配不上我，而我还那么配合你，你还想怎么样啊？"

你可以不喜欢这个人，也可以觉得人家配不上你，那你别选，别撩，别答应，别承诺……

可你呢？分手舍不得，不分手又总感觉对方碍事，只好继续拖着，拖到自己完全不需要对方了，然后随便一个导火索出现，就把蒙在鼓里的她炸得血肉模糊。

而她呢？在你最落魄的时候对你鼎力相助，在你最需要陪伴的时候一直在你身边，她以为你是真的爱她，没想到你只是"暂时需要她"。

她把青春里最宝贵的那几年都给了你，把人生最大的信任都给了你，她以为你能带她走向幸福的天堂，没想到你是来告诉她地狱有几层的。

更过分的是，你不仅不知道自己的言行给人家造成了多大的伤害，你还觉得自己是迫不得已的，甚至觉得自己是个好人。

呸。

·3·

又想起一个女生的分手故事，我听完觉得好酷，是残酷的酷。

男生跟她提分手的时候，她在电话里泣不成声。在漫长的沉默之后，对方丢过来一句话，直接把她"镇住"了，男生说的是："你知道吗，你现在在那边哭成这样，我一点感觉都没有……"

她愣了一会儿，然后就不哭了，她甚至还能脑补出对方没说出口的后半句——"我还觉得很烦"。

她回了一句"我知道了"，然后就挂断了电话。

她想骂人，想找个人大哭一场，但她只是洗了一把脸，化了个精致的妆，然后就去上班了。在对方那句话蹦出来的一瞬间，就好像有一大车的水泥灌进了她的心里，并迅速地凝固了。

即便是吵得最凶的时候，她也从来没想过他们会分手，因为男生一直给她灌输的理念就是："记住，永远是我害怕失去你，而不是你害怕失去我。"

直到她意识到不对劲了，去质问男生"是不是有喜欢的人了"的时候，男生还振振有词："一个巴掌拍不响，你难道就没问题吗？"

**用疑问句回答疑问句时，一般都是说中了。**

后来的日子里，每每遇到心动的人，她的脑子里就会自动播放那句话："你现在在那边哭成这样，我一点感觉都没有……"

女生问我："他怎么突然就不爱我了呢？"

我回答道："人都能突然死掉，突然不爱算什么？如果你回过头看，也许会发现并不是毫无预兆，只是你以为你们的感情足够坚固，才忽略了那些预兆。"

女生又问："那我真的有问题吗？"

我说："这个时候，能怪别人就尽量别怪自己。不要帮他找理由，不要为他解释。你只需记住，没有征兆的分手都是蓄谋已久的，无缝的衔接就是劈了腿。"

**切记，人和人之间没有"突然"，他想好了才会来，他想清楚了就会走。没有谁会"为了你好"而离开你，他们走或者留，都是为了他们自己。**

那么你呢？

你能接受"爱会消失"这件事吗？一个人全心全意地爱你，却在某一天突然就说不爱了；一段关系原本坚固可靠，却在一夜之间就分崩离析。

你会如何对待可能变质的爱情呢？是像个勇士一样，无所畏惧地为爱冲锋陷阵，每一次都全力以赴？还是做个胆小鬼，从一开始就做好失去的准备，既不期待，也不尽力？

你是不是想要死缠烂打？内心骄傲的你知道那个鬼样子有多丑，但还是忍不住做出种种不理智的"打扰"，比如每个节假日邀请他出去玩，又如大半夜给对方发很长的文字，再如在清晨准时地说早安、送早餐。

即便是做好了"不会在一起"的打算，但就是忍不住想对他好，想见到他，想知道他的全部消息。

那段时间里，懦弱和勇敢混在一起，深情和绝情混在一起，"我真的不喜欢你"和"我真的喜欢你"混在一起，不多不少，足足能要你半条命。

**我只是替你担心，怕你那干净又炽热的爱在盛开之时，突然被人连根拔起，以至于想到以后的爱该怎么栽种、怎么施肥、怎么开花，你始终心有余悸。**

·4·

有一段很扎心的对话：

"你总是偷偷地看他的主页，就不怕突然有一天，你看到的不是他的自拍，而是一张合照吗？"

"不怕啊，我就是在等那种合照。"

困住一个人的到底是什么？是不甘心就这样错过了？是觉得自己的付出都白费了？是不敢相信要永远失去这个人了？是怕自己再也遇不到喜欢的人了？还是曾经相爱过的每一秒都像是永远？

也许连你自己都不清楚，但可以确定的是，他已经不爱你了。

你该明白的是，拎着垃圾走太远的路，只会害你错过很多礼物。

那么，被分手了怎么办呢？

第一，不要乱来。

质问、指责、争吵、哭闹、威胁、求和、没完没了的电话短信轰炸，以及到对方的家里、公司、学校去堵人，又或者求亲人、朋友、同事去帮忙沟通，甚至是用自虐的方式威逼利诱、打击报复等一系列不理智行为，不仅起不到任何作用，还会伤害自己和对方，让对方觉得你是一个容易失控的、可怕的人，让对方更迫切地想要远离你。

世界上最伤心的事情莫过于，最后你成了你最爱之人唯恐避之不及的人。

第二，停止"视奸"。

很多人分手后都会不停地去翻对方的微博、抖音、朋友圈、个人空间……这个时候，关于对方的任何消息都会在你负面情绪的引导下得出负面的解读。比如，你可能会想：这才分手几天，我还在这里痛苦不堪，他怎么能开开心心的，像是无事发生？

所以别再过度关注对方，这不是放对方一马，而是放自己一马。

第三，可以试着挽回，但不能不要脸。

挽回一个人要用正确的沟通方式，用认真的自省，用切实的改变，用真实的自我提升，来让前任重新认识到你的价值，你的独特，你的魅力。

**能让一个人回心转意的，一定是你的好，绝不是你的一厢情愿，更不是你的糟糕。**

最常见的"糟糕"就是，自己不反省自己的错误，不改正自己的臭毛病，只是没完没了地求对方再给一次机会。

先是不停地道歉、认错，告诉对方自己有多不懂事，承诺一定会改变，祈求对方回来；

被拒绝了，会恼羞成怒地诅咒对方；

飙完狠话之后，并没有觉得痛快，反而更难过了；

再然后，又去找对方道歉，甚至还虚情假意地祝福对方。

如此循环反复，直到被拉黑。

第四，把时间花在自己身上。

把时间分给睡眠，分给书籍，分给运动，分给花鸟树木和山川湖海，分给你对这个世界的热爱。你可以做一些平时想做但没做的事，买一些想买但舍不得买的东西，学一些以前想学但没时间学的技能，而不是用酗酒、熬夜、自虐、放纵等方式对自己进行二次伤害。

第五，也是最重要的一点：努力变优秀。

将自己擅长的再拔高一下,将自己不擅长的再补强一下,把注意力全都放在提升自己上。

当然了,变优秀并不一定能让那个不喜欢你的人喜欢你,但是能让你自己喜欢自己。

用不了两个月,你就可以从灰扑扑的日子里落落大方地走出来,变得锃光瓦亮。

等你真正走出来的那天,再看他,真就和路人甲乙丙丁没有任何区别了,甚至你还会自嘲:"我以前的眼光怎么那么差呢?"

完全放下一个人的感觉,就像是从一场稀里糊涂却又糟糕透顶的梦里猛然惊醒,突然发现身边的人事物都变得越来越美好了。

**成熟的重要标志是拥有翻篇的能力。有时候是用眼泪一通乱翻,有时候是用演技硬翻,还有时候是用好吃的狂翻,翻着翻着,人生、脸皮和肚皮就都有了厚度。**

·5·

哦,对了,还要指出一个残酷的真相:很多感情里只有一个人会觉得遗憾。

不被珍惜的你,会用自以为伟大的方式来制造"我很痴情"的假象,以此来掩饰你那营养不良的爱情。

比如大雪夜去对方的窗子外面站一会儿，比如寒冬腊月顶着狂风给对方送一杯奶茶，比如不远万里去给人送一盒感冒药，比如熬一个通宵陪坐火车回家的他闲聊……你自己回想起来会很上头，有一种乔峰血战聚贤庄的豪迈感。

但是对对方而言，一杯奶茶就只是二三十块钱一杯的、点开外卖软件就能买到的奶茶，一盒感冒药就只是下个楼、随随便便就能买到的感冒药，心里根本就没有你以为的"伟大牺牲和深沉的爱"。

所以，你们的记忆会出现偏差，你谈起那些事情时会激动不已，而对方只会皱着眉头问："有这个事吗？"

## 10. 有话直说：
### 打直球的人永远充满魅力，也永远掌握主动权

Q：为什么打直球的人会很加分？

·1·

先来看四组对话。

第一组是网名叫"小雷家"的博主发布的。

妻子："哥哥，你半夜帮我把水接好，我真的特别感动。但是我能不能给你提个小小的建议？"

丈夫："什么建议？"

妻子："你能不能不要每次都接100摄氏度的水，我想喝60摄氏度的水。"

丈夫："我考虑的是，你半夜起来，它温度降得刚刚好。"

妻子指着杯子说："可是它叫保温杯。"

丈夫"嘎嘎"地乐，妻子接着说："我半夜就喝了三口，太烫了，舌头都疼。"

丈夫："所以你到底是感动，还是想教育我一下？"

妻子笑眯眯地说："痛并快乐着。"

第二组是一对夫妻在办完离婚手续之后说的。
妻子："我们去吃最后一顿饭,去吃你最爱吃的鱼头锅。"
丈夫："我吃了这么多年的鱼头,这次让我吃鱼肉好不好?"
妻子："啊?你不是最爱吃鱼头吗?每次吃鱼,你都抢着吃。"
丈夫有些惭愧地说："以前家里不富裕,很久才吃一顿鱼,每次我都想把肉留给你吃,时间久了,就慢慢习惯了。"
妻子:"其实我最喜欢吃鱼头,每次看见你抢着吃鱼头,我都让给你……"

第三组是一对相亲之后的年轻人说的。
女生直接问："你说,我们是走走过场,还是直接在一起?"
男生答："那你说说,你喜欢什么颜色的癞蛤蟆?我试着变一个。"

第四组不算对话,但胜似对话。
一个男孩说："给生理期的女朋友买了带冰的奶茶,她看我的眼神就像是我出了八次轨。"

喜欢要讲出来,不喜欢要讲出来,感谢要讲出来,不满也要讲出来。不要用沉默去制裁对方。

你开口了,才能得到鲜花或者一句"抱歉";把态度表明了,你才可能升级你们的关系或者得到合理的"解释"。

不要一边生着闷气，一边等人来哄；不要一边凶别人，一边盼着别人能对自己更好一点。

最轻松的关系是互相打直球，不用猜心，有话直说，有问题摆出来一起谈，坚定而清晰。

**打直球的意思是：你大可不必半推半就，请你用最直白的态度，让我收手，或者让我毫无保留。**

我所理解的"打直球"：

就是我可以直截了当地表达我的想法，你也可以大大方方地说出反对意见。大家都很坦荡，谁也不会觉得难为情。两个人就像是站在阳光下，视野开阔，简简单单，一目了然。

就是不会计较"谁先低头、谁先认输、谁先迈出第一步"，不会把时间、精力、机会浪费在没完没了的猜忌上，而是像小孩子那样童言无忌。

就是开心的、难过的、介意的统统都摆在台面上，比如直接告诉对方："我希望你下班了来接我""我不喜欢你跟异性聊得那么多""我在看电视剧的时候，麻烦你出去打电话""我的口红用完了，你送我一个××色号的呗"……

就是跳过遍地的套路，把心房的钥匙径直塞到对方的手里，然后在心门上挂着大写加粗的"欢迎光临"。

怕就怕，你明明很介意对方和异性聊天，却要假装潇洒地说"那很正常呀，谁还没有一个异性朋友"，然后看他们聊得热火朝天的，又忍不住怀疑对方是不是移情别恋或者另有新欢。

明明很希望对方多陪陪自己，却要假装大度地说"我没事，你忙你的"，然后看着对方热闹的朋友圈，忍不住猜测对方是不是根本就不需要自己。

明明钱包紧张，不想去高档饭店吃大餐，却佯装宠溺地说"我请你，没关系的"，然后看着账单郁闷不已，为对方为什么不懂得体谅自己而感到失望。

一次次的误解和无端猜测，一次次在委屈中打退堂鼓、在不满情绪里悄悄给对方扣分……可明明只是一些鸡毛蒜皮的小事，却让两个彼此相爱的人渐行渐远。

别生闷气了，有想法就说，有要求就提，有不满就好好聊。

用平和的语气，坦诚地说出自己的真实感受和观点，可以减少 70% 的没事找事、80% 的自以为是以及 90% 的胡思乱想。

**要永远记住，所有的相爱都是努力的结果。**

·2·

有一个很热门的问题：在另一半面前，是把所有负面情绪都说给对方听，还是应该压抑自己的负面情绪？

支持"表达情绪"的人会觉得：如果你连我的负面情绪都接受不了，那你凭什么享受我对你的好？

而支持"保留情绪"的人会觉得：没有人理所当然是别人情绪的承担者。为什么你的情绪要由我来负责，凭什么我要当你的情绪垃圾桶？我自己的事都忙不过来。

**这揭露了两性关系里的两难境地：表达情绪，对方可能会受不了；而保留情绪，自己可能会受不了。**

但这里有个误解，"表达情绪"不等于"发泄情绪"，"保留情绪"也不等于"压抑情绪"。

很多人所谓的"表达情绪"，只是肆意地贬低、指责、抱怨，不分场合地宣泄、拆台。其态度是："我对你展示最真实的坏情绪，而你必须好好哄我，你不能烦，不能犟嘴，也不能有情绪。"

很多人所谓的"保留情绪"，只是因为过分地考虑对方的感受，导致过度地压抑自己。很多人会觉得："我又不是没有表达过，可对方根本就接受不了。果然是这样，我不能有任何情绪，我只能忍着……"

我想提醒你的是，错不在情绪，而在于你的表达方式。对方排斥的也不是你的负面情绪，而是你夹杂在负面情绪里的攻击性、威胁，以及勉强。

你明明累得需要关心，丧得需要帮助，可你却露着獠牙咆哮："我每天这么累，你不要无理取闹了！为什么你不能理解我一点？你只想着你自己，就不能替我想想吗？"

你明明想告诉对方"我想要亲亲抱抱举高高"，可在对方看来，你就像是在拿着一把刀乱砍，对方只顾着躲你的刀，哪儿还有心思去关注你这些话背后的需求、委屈和辛苦？

每一种情绪的背后，其实都隐藏着你的某种需求。

如果你感到紧张，你可能需要安全感；如果你感到麻木，你可能需要放松一下；如果你感到愤怒，你可能需要被理解；如果你想躲起来，你可能需要被在乎；如果你感到焦虑，你可能需要支持。

这些时候，如果你给自己戴上"我很好""我没事"的面具，那么对方看到的只是这个面具，看到的只是"你没什么事"和"你可以自己处理"。所以他当然不知道真实的你有多痛苦，当然理解不了你的内心有多挣扎，当然不知道你也需要照顾，当然没办法给你有效的安慰。

更糟糕的是，压抑越久，你就越憋屈，越像一颗移动的炸弹，对方做的一点小事都能瞬间把你引爆。到那时，你的情绪已把你自己炸得面目全非，而对方还觉得自己特别无辜，觉得你在小题大做。

所以我的建议是，与其愤愤不平地说"离我远点，我就想一个人静一静"，不如凑到他耳边说"我想一个人待一会儿，但是你也别走得太远"。

与其指责对方"你怎么每次都这样，一点都不关心我"，不如温柔地对他讲"我希望你听我说会儿话，我现在很难受"。

与其假装要强地强调"我没事"，不如牵着他的手说"我需要你"。

与其假装懂事地说"你去忙吧"，不如撒着娇说"我们聊一会儿吧，就五分钟"。

情绪奔涌而来的时候，哪怕是最微小的安慰，于这段关系而言也是意义重大的。

就像是"我没有生你的气""我只是想一个人待一会儿""我晚点再联系你",甚至是"我现在还不想跟你说话,等一会儿再说""我现在有点烦,你让我静静""我脑子很乱"。

这样的反馈总是能够让人稍微"如释重负"。

感情出了问题不要拖着,有了情绪不要攒着。不要做冷漠的小气鬼,不要口是心非还嘴硬,不要等着对方猜你的想法,不要抱着"我不说,但你应该懂我"的幼稚想法,要多见面,多拉小手,多拥抱,多聊天,多说"我想你了",要大方地感激"有你在,我很安心"和"你对我真好,我今天过得很开心",要多向对方展现自己内心里柔软和温暖的部分。

否则的话,他要么是束手无策,要么是无动于衷,要么是唉声叹气,要么是气不打一处来,而此时的你能够得出的结论只有一个:"他没有以前那么爱我了。"

**切记,情绪表达得太过潦草,理解成本就会水涨船高。**

·3·

这一幕是不是很常见:

男生问:"你看看,这个包你想不想要?"

女生脸色一沉:"你要是真心的,就直接买给我,如果你问我,那只能说明你不是真的想送,那我的回答是——不要!"

然后，男生觉得女生不可理喻，女生觉得男生有口无心。

再然后，两个人大吵一架，或者因此愤愤不平很久，又或者因此彻底地分道扬镳。

其实吧，男生问女生"你想不想要"，就是想知道"你是不是真的喜欢"。

他怕他擅作主张买回来的东西你不喜欢；他更怕他买回来之后，你嘴上说喜欢，但实际上没那么喜欢；他还怕他买回来之后，你不高兴了，说"我喜欢的是这个，可你竟然买了那个"，然后痛斥他"你根本就不了解我"，最后得出结论："你根本就不爱我。"

可能你会反驳："那为什么每次我给你买的东西，你都很喜欢？我之所以不喜欢你买的，还不是因为你没有用心。"

那有没有一种可能是：只要是你送给他的，他都喜欢。不是因为你多用心，而是因为他爱你。

问你了，你就直说。喜欢就说"我喜欢"，不喜欢就说"不喜欢"，想要就说"那就来这个颜色的"，讨厌也不要藏着掖着；不要动不动就暗示，不要动不动就让人猜，不要把风花雪月的浪漫爱情过成了需要绞尽脑汁才能破案的悬疑片。

累不累啊？

**打直球不是寻求认可，而是寻求支持，不是"亲爱的，我想问一下，我这样想，你看行不行"，而是"我想去的地方是这里，我想做的事情是这样，你可不可以支持我"。**

· 4 ·

就算你喜欢"打直球",但不等于你"会打直球"。比如说:

明明是希望对方帮一下自己,张嘴就是:"一天天就知道躺着玩手机,一点眼力见都没有,你四肢都要躺退化了!"

明明是想让对方多陪陪自己,张嘴却是:"也不知道你一天在忙什么,也没看着钱,就一天天瞎忙,给我打个电话会死啊!"

明明是盼着对方早点回家,张嘴就是:"八点没到家就别回家了!"

直球式交往不等于没礼貌,不等于莽撞,不等于命令,而是用直线思维,配上温柔的口吻、温和的态度、友善的表达、诚实的善意,来呈现自己的真情实感。

那么,怎样才算是正确地打直球呢?

如果你只是想单纯地表达爱意,那就不要吝啬"加糖",糖度超标了也不要怕。

"你知道吗,我真的觉得自己是全天下最幸运的人,因为我遇见了你呀。"

"有个秘密要告诉你,全天下真的只有我,最最喜欢你。"

"快快快,看过来,今天我也很爱你。"

如果你想表达自己的需求,不要委婉,不要说一半留一半,要直接讲出来。

"亲爱的,陪我看个电影。"

"亲爱的，帮我取一下快递。"

"亲爱的，我们一起去旅行吧。你之前太忙，我不忍心打扰你，现在你忙完了，我好想和你一起去玩呀。"

如果你心存疑惑，稍有不满，切忌自行揣测，脑补一大堆后阴阳怪气，直接索要答案才是最好的选择。

"亲爱的，你可不可以抱抱我，不然我要哭了，是哄不好的那种。"

"亲爱的，我觉得你最近不开心，是遇到什么事了吗？你想说的时候就告诉我，无论什么情况，我都坚定地站在你身边。"

"亲爱的，我不太理解你刚才的做法，你是怎么考虑的，可以跟我讲讲，我不想被你误会，更不想对你有误解。"

人和人表达关心的方式是完全不一样的，有的人表达关心的方式是告诉难过的人"没什么好难过的"，有的人表达关心的方式是问难过的人"要不要吃冰激凌"。

什么样的关心是你真正想要的，你就直接告诉他。既不耽误他给你疗伤，也不浪费他的好心好意。

如果你已经气到裂开，快要原地爆炸了，也不要凶巴巴地疯狂指责，先冷静一下，然后客观描述自己的行为和感受就好。在理智的状态下说不满的话，"威慑力"常常超乎你的想象。

"亲爱的，你那样说、那样做，真的让我很不开心，下次不这样了，好不好？"

"亲爱的，你今天的态度让我很难过，但我不想跟你吵架，我知道你是有苦衷的，但我们换一种方式解决，或许能皆大欢喜。"

"亲爱的，我要很严肃、很认真地跟你说件事，你可不可以不要再……你每次这样，都让我很崩溃，相信你能体谅我的，你向来都是最善解人意的。"

如果你想让对方做出改变，不要搬大道理，这只会勾起对方的一身反骨，继而专门和你唱反调。不如温柔地说：

"亲爱的，最近有个恋爱综艺挺火的，我们一起看看吧，互相学习一下怎么谈情说爱。"

"亲爱的，我最近看了一本书，我觉得里面的观点特别好，要不我们一起读，然后探讨一下？"

"亲爱的，你看那个谁因为这个事吵架了，我们好像也出现过类似的问题，我们也得重视一下，免得以后又吵架，那样太伤感情了。"

**不要拐弯抹角，不要说反话，不要冷冰冰。要直接，要真诚，要热烈。人类永远会为真诚和坦荡而心动。**

· 5 ·

哦，对了，打直球在职场里也很管用。

比如，乙方给你做了几套方案，你明明是对构图不满意，偏偏只说"这个地方的颜色不太好看"；明明是对整体创意不满意，偏偏只说"这个线条不活泼"。对方就会误以为你只是对某个细节不满意，于是大费周章去修改细节，等改出来之后，你还是不满意。

结果是，时间和人力都浪费了，你觉得乙方的能力不行，乙方觉得你的审美有问题。

不如直接一点。看到乙方的方案，如果不满意你就说："这套方案不行。"

乙方如果强调他们的专业，还对你说："我们几个都觉得这个方案挺好看的，你要不要再看看。"

你就可以直接告诉他："好不好看是没有法院能做裁决的，但我是甲方，你就得听我的。"

呃。

如果你是乙方，就当我什么都没说。

# PART 3
### 第三部分

## 困住你的到底是什么？

　　一个孩子有没有见过世面，不在于报了几个兴趣班、去了几次博物馆、出了几次国，而在于明白世界的宽广、历史的厚重，以及未来的无限可能。

　　一个成年人有没有见过世面，不在于活了多大岁数、经历了多少事情、去过多远的地方，而在于明白人与人之间的差异、人性的幽暗，以及世事的无常。

## 11. 认知是一个人成长的天花板：
## 　　世界并非双眼所见，因为眼睛不会思考

Q：困住你的到底是什么？

·1·

先讲三个小故事。

第一个故事发生在电影《1942》里，逃荒的财主老范对长工栓柱说："等到了陕西，立住了脚，就好办了。我知道怎么从一个穷人变成财主，不出十年，你大爷我还是东家。"

栓柱答："东家，到时候我还给你当长工。"

同样是逃荒的人，遥想十年之后，财主仍觉得自己会是财主，而长工依旧觉得自己是长工。

第二个故事是一件真事。有个男生回农村老家过春节，一位老人问他："你一个月能赚多少钱？"男生说："不到两万。"

结果老人勃然大怒："一个人怎么可能一个月赚那么多钱呢？年轻人不要吹牛皮，更不要走邪路！"

在那个老人看来，一个月最多就能赚几千块钱，而且要非常辛苦，要起早贪黑，他不相信一个人一个月可以赚那么多钱。他没听说过，他做不到，所以他坚定地认为，能做到的人，要么在吹牛，要么在犯罪。

第三个故事是一幅插画的内容。一群人争得头破血流，只为抢地上的一块金子。这时候来了一个路人，他捡起地上的一颗钻石，转身就走了。

抢金子的那帮人并非没有能力抢钻石，而是自始至终都没有人告诉他们：这个世界上有比金子更值钱的东西。

很多事，你做不了，不是能力不行，而是因为你根本就不知道它们的存在，就算你见到了、听到了，你一时也很难相信，你不会朝那个方向努力。你只会重复你的固有模式，日复一日，很快就过完了一生。

**为什么你过得不好？因为你不知道的太多了。**

**为什么你不知道？因为你没见过，没听过，也没想过。**

**为什么你不去学？因为你不知道学了有没有用。**

世界上最大的"监狱"就是我们的大脑，走不出自己的观念，到哪里都是囚徒。

就像骆驼祥子到死都认为，他之所以没能过上好日子，是因为他拉车不够努力。

你身边有没有这样的人：

看到女同学嫁给高富帅，他不屑一顾，"谁知道是不是真爱？看着吧，早晚得离"。几年过去了，人家不但没有离，还过得挺好，他又阴阳怪气地说："表面上挺好的，谁知道背地里受了多少委屈？"

亲戚家的孩子通过努力，在大城市里过得风生水起，他却怪声怪气："一个普通小老百姓，再怎么努力也不可能成事，谁知道背地里有多少见不得人的交易呢？"

同事高升了，他却面露鄙夷："就他那样也能升职？肯定有关系、有背景，不然这好事怎么可能落到他头上？"

新来的同事在试用期表现出色，刚正式入职就被老板升职加薪了，大家都称赞不已，他却说："肯定是老板的亲戚。"

有人到处旅行，不仅见识了各地的人情和风景，还顺便赚了很多钱，大家都很羡慕，他却说："这种好事怎么可能轮到我们普通人？他家里肯定帮了大忙。"

总之，凡是别人做到了他做不到的，别人得到了他无法拥有的，别人经历了他没经历过的，他都不相信。

他不相信这个世界上有美好的爱情，不相信有患难与共的友谊，不相信一个人通过自身的努力能够成功，也不相信这个世界上存在着跟自己完全不一样的人。

他缩在一个狭小且坚硬的壳里，眼界越活越窄，观念越来越狭隘，想法越来越偏执。

这类人当然也理解不了：同样款式的包包，只是加了一个 logo（商标），价格凭什么贵几百倍；同一款车，只是用了真皮的座椅，为什么就要加价好几万；相同配置的手机，只是品牌不同，价格居然翻了一倍。在他看来："这不是傻吗？"

看到孙悟空翻完筋斗却依然在佛祖的手掌心里蹦跶时，他也笑悟空傻，可他自己何尝不是这样呢？一件小事就可以把他折磨得死去活来，一点小情绪就可以把他弄得人不人、鬼不鬼的。

**人在错误的认知里，很难做出正确的判断。就像你的轮胎是方的，人生的路就难免会走得很颠簸。**

·2·

在江阴市的一个村子里，俞敏洪和他的小伙伴从小一起上学，一起参加高考，但考了两次都没考上。俞敏洪对小伙伴说："再考一年吧！"小伙伴就去找他妈妈商量，得到的回复既简单又粗暴："考考考，你还考个屁啊？都考两年了，我们家祖祖辈辈都是农民，你就老老实实当你的农民吧。多干农活，早点盖房子、娶媳妇。"

后来，俞敏洪考上大学，创办了新东方，而他的小伙伴种了一辈子的庄稼。

两个起点非常接近的人，却有着截然不同的人生，俞敏洪对此总结说："因为小伙伴离开农村的意愿远远没有我强烈。"

俞敏洪小时候去过繁华的大上海，黄浦江两岸的灯光、江中的大游轮、宽敞的街道、各式各样的汽车对他产生了强烈的冲击。他从小就知道，这个世界很大，远不止眼前的几亩田地、几只牛羊和几条小河。所以他从小就下定决心，这辈子一定要去大城市。

认知是一个人成长的天花板。当你见识过更好的生活，你就不甘心轻易选择差劲的人生。

另一个真实的故事发生在十多年前，有个男生打算从一家互联网公司离职，去一家外企上班，因为外企当时承诺给他的年薪是 20 万元，比他在互联网公司的收入高很多。

就在提离职的前一天，他参加了一个校友会，跟一个高他十届的学长聊起了离职的事。

学长问他打算去哪儿，以及为什么离开？

他说要去外企，因为年薪有 20 万元，比互联网公司给的多。

结果学长冷冷地说："年薪 20 万元不也是穷人吗？互联网企业更有未来，你应该待在这个行业。"

男生想了一整晚，想明白了两件事：一、学长没理由害自己；二、学长非常成功，他的认知水平一定比自己高。

于是，他选择留在了互联网公司，后来，互联网行业蓬勃发展，他的收入翻了几十番。

真正限制一个人的，不是经济上的贫穷，而是认知上的困顿。认知的水平和层次不够，吃再多的苦也徒劳无功。我们终其一生都在跟自己的认知博弈。我们取得的每一次微小的进步，都像一个台阶，让我们站得更高，看到更大的世界。

当你见过一架好钢琴，你就会发现，用它随便弹一个低音就像深海里鲸鱼的叫声那样厚重磅礴，而自己的琴声听起来就像是别人"咚"地一脚踹在房门上。

当你见过一辆好的自行车，你就会发现，再小巧的女生也能将它单手举起，骑行的感觉就像是有人在帮你踩踏板，而自己以前的骑行感受就像是在跟地球拔河。

当你去过一家优秀的企业，你就会发现，这里的每个人都很有干劲，每天都很有目标，做每件事都很有效率，你会发现工作是一件如此开心且有激情的事，而自己以前待的公司，人人都在扯皮、推诿、抱怨，有的人不仅不好好干活，还拉帮结伙地排挤真正想干活的你。

你就会明白，怪不得人家薪资待遇那么好，怪不得在那里工作的人那么开心、忠诚、甘愿奉献。

当你遇到了一个对的人，你就会发现，恋爱是很甜蜜的，婚姻是很幸福的，鸡毛蒜皮的生活是可圈可点的，而曾经那个糟糕的前任，不是让你自卑，就是逼你抓狂，一度让你怀疑爱情也不过如此。

当你进入社会，见了很多人，玩了很久的社交软件，你就会发现，这个世界上真的有纯粹的坏人，不需要理由就仇恨别人，这个世界上真的也有没见识的人，仅凭一点私人的体验就敢把话说得言之凿凿。明白了这些后，你在网上遇到什么样的人都不会觉得奇怪了，你更不会浪费时间、精力去跟一个陌生人纠缠半天。

当你站在领导的高度总揽全局，你就会很清楚：他为什么要这么安排，重点要注意什么，要担多大的风险，要准备哪些预案，要付出多大努力，以及能得到什么回报。

否则的话，你只能纠结于："今天又要加班，凭什么呀""刚才那个同事白了我一眼，是什么意思呢""领导否决了我的方案，是公报私仇吗""那两个人走得那么近，是不是办公室恋情"……

**一个人能走多远，很大程度上取决于你看多远。看见，才有可能抵达；知道，才会去想办法。**

见识增长了，你就能透过表象看到本质。

就像我们说苍蝇是害虫，说青蛙是人类的朋友。可实际上呢，青蛙才不会在意我们人类怎么想，它并不是为了做人类的朋友才去吃苍蝇的，那不过是它的本能而已。

见识增长了，你对未知的恐惧就会大大降低。

就好比说，自从富兰克林弄清楚雷电的原理之后，电闪雷鸣的次数并没有减少，声音也没有变小，但人类不再像以前那么畏惧雷电了。

· 3 ·

很多人以为的认知是:"这本书里写的每个字,我都认识;那位前辈讲的每句话,我都听得懂。没有一本专业书是我看不明白的;牛人和大咖们写的文章、做的演讲,也没有我看不透的。"

然后呢?
怎么跟自己的客户沟通?不知道。
怎么跟亲近的人相处融洽?不知道。
怎么写出高水准的方案?不知道。
为什么别人的进步那么明显?不知道。
为什么别人的预判那么准确?不知道。
为什么他会那么做?不知道。

很多人以为多看看新闻就能增长见识,多读书就能提高认知,多收藏就能找到方法。于是,很多人喜欢看新闻视频,喜欢读励志语录,喜欢立 flag(目标),喜欢看各种生活指南。

然后呢?看新闻只是在打发时间,读语录只是为了发朋友圈,立 flag 只是在给自己打鸡血,学习方法只是放在收藏夹里落灰。

很多人炫耀说,"我会弹××首曲子""我把 GRE 单词全背下来了""我今年读了300多本书""我考的证有这么多"。

然后呢？你还是弹不出风格，还是理解不了趋势，还是赚不到钱。

**你呀，只是把杂乱无章的网络信息当成了知识，把漫无目的的课外阅读当成了思考，把收藏夹里吃灰的链接当成了掌握。**

这恰好也解释了"为什么听了那么多道理却依然过不好这一生"，因为你只是听了，却并不懂。

就好比说，你可以轻易地读完一本空气动力学方面的著作，但你一辈子都造不出航空发动机。

试问一下，你要是真的懂了，怎么会允许自己拖延成疾？怎么会允许自己心存侥幸？怎么会允许自己有钱不赚？

·4·

有个专业名词叫"功能性文盲"，大致是说，人到了一定的年龄或者有了一定的地位之后，就很难接受新观念，所有他读的书籍、看的新闻都是为了印证自己的观念，不管看到什么，他都想提醒别人："你看，果然不出我所料。"如果看到的观念跟他的意见相左，就会被他视为异端。

这与地质学家帕克·迪基的观点不谋而合："我们一般用旧思想在新地方发现石油，有时也用新思想在老地方发现石油，而很少用旧思想在老地方发现大量石油。过去我们不止一次认为石油找完了，实际上是我们的思想贫乏而已。"

人一旦认定了某件事就会变得狭隘，而一旦变得狭隘就会充满偏见。

比如说，某人深陷在骗局里，外人一眼就知道对方是骗子，他却固执地认为"真的能赚钱"或者"我们是真爱"，任凭旁人怎么劝说，他也很难听进去，甚至认为你是不怀好意。

又比如说，你苦口婆心地劝一个年轻人多学点东西，多增长见识，他却认为学习没有用，遇到事情还得靠钱、靠关系、靠运气。他偏执地认为：大学毕业生还不如小学没毕业的人赚得多，品学兼优的人远不如长得好看的人嫁得好……他的衡量标准只有金钱和相貌，却无视了个人兴趣的价值、工作机会的选择、自身潜力的挖掘、精神趣味的匹配等。

如果你不想越活越狭隘，那就需要打开自己，把对这个世界的好奇当成"武器"，去对抗自己的偏见，去打败自己的惰性，去纠正自己的侥幸心理。

唯有你脑子里存储的东西足够多，看到的世界足够广阔，认知足够深刻时，你才能和这个干巴巴的世界碰撞出精彩绝伦的火花。你的观念才会越来越丰富，你的看法才会越来越包容，你的姿态才会越来越谦逊。你才不会活成井底之蛙，才会慢慢变得通透起来，才会让你的人生进入良性的循环。

你会很清楚：这件事值不值得放手一搏？在什么时候倾其所有？以多大的决心死磕到底？能做到何种高度？未来的发展趋势如何？为了做成一件事，要花多少钱？需要多少人？要组一个什么样的团队？要选择一个什么样的合作伙伴？

**换句话说，你对一件事情的认知，就是你在这件事情上的竞争力。**

读书、学习、旅行、思考的意义就是，让我们更宽容地理解这个世界的复杂，想得更清楚，看得更远，活得更有底气；让我们不断地跟自己的阴暗、狭隘、自私过招，挑战自己原来坚信不疑的东西，击碎总是让自己犹豫不决的东西，打消那些不切实际的东西。

所以，你觉得大学四年毕业了，就能靠大学里的那点知识混一辈子了？
你觉得看了几本商业书，就能把营销、推广、销售做好了？
你觉得听了几天管理课，就能把公司管理做得井井有条了？
你觉得天天刷社交媒体，就能把赚钱的技能和认知学到了？
怎么可能？

怕就怕，"包治百病"的药，你劝长辈们别信；但"零基础月入百万"的课，你却很当真。

怕就怕，你潜意识里认定了"有钱就是成功，高学历就是有才华，住别墅、开豪车就是活得很好，头衔多就是专家或者高手"，那么那些假专家、假学者、假大师就会层出不穷，他们会搞来一堆花里胡哨的理论、一堆显赫的头衔，然后坐在租来的劳斯莱斯里为你指点人生，顺便再露一下他们价值百万的百达翡丽。

事实上，这些教你赚钱的，就是想赚你钱的。毕竟啊，你的脖子都蹭到人家镰刀口上去了，就别怪人家割你的韭菜。

**悲哀的是，韭菜到老都不明白，割它的镰刀，与对它悉心耕耘的人有什么相干；猪到死也不明白，宰它的人，和给它一日三餐的人是什么关系。**

·5·

关于认知，最后还要提两个醒：

1. 变狭隘是特别简单的事，只要封闭自己就行了，但想要提高认知却很难。

比如，当你慢慢喜欢某位"老师"的和颜悦色与谆谆教诲时，就发现他的金玉良言突然变成了"双十一限时特惠399"的课程。

又如，当你心血来潮地想"啃"一本专业书的时候，竟然发现，要么是书无从下口，要么是你容易瞌睡。

2. 提高认知不完全是好事，尤其是当你的见识打开了，但本事跟不上的时候。

你知道得多了，思考得深了，你就有了一种不被周围人理解的痛苦。就像《平凡的世界》里写的那样："谁让你读了那么些书，又知道了双水村以外还有一个大世界……如果你从小就在这个天地里日出而作，日落而息，那你现在就会和众乡亲抱同一理想：经过几年的辛劳，像大哥一样娶个满意的媳妇，生个胖儿子，加上你的体魄，会成为一名相当出色的庄稼人。"

## 12. 缺失的死亡教育：
## 活着之所以很有意思，是因为人都会死

Q：既然早晚会死，为什么还要那么努力地活着？

· 1 ·

我永远忘不了那个电话，是陈先生打来的。一个 30 多岁的男人在电话里泣不成声，我问了好几遍"到底发生了什么"，他花了好大力气才憋出四个字："我妈没了。"

我在电话里听他哭了足足十分钟，我全程难过得连"节哀"两个字都不敢说，我想到的是"这个人永远都见不到他妈妈了"。

等他从巨大的悲哀中缓过来，告诉我打这个电话的"目的"时，我瞬间泪崩了，他说："我希望你能记住她，我给每一个见过我妈的人都打电话了，我希望你们能记住她。"

后来，他又提到了几个细节，让我忍不住哭了好几回。

他说经过妈妈家的老房子时，孩子问他："奶奶呢？奶奶去哪儿了？"

他憋着眼泪说："奶奶去很远的地方旅行了。"

孩子追问了一句："不回来了吗？"

他哽咽了起来，因为实在讲不出那句"是的，奶奶不回来了"。

吃饭的时候，他刚摆放完碗筷，孩子就指着碗筷说："这是爸爸的，这是妈妈的，这是我的，奶奶的呢？奶奶没有吗？"

他的鼻子又酸了，却怎么也讲不出那句"是的，奶奶再也不会陪我们吃饭了"。

**过了好几天，我给他发了一句话："她只是提前去为你布置下一世的家了，就像这一世她先来一样。"**

没有一个亲人的离世，能让我们用"节哀"两个字来安慰，且不说那个人是因为天灾或意外而去，即使是得病或自然地老去，只要是我们爱的人，那种痛、那种遗憾、那种无可奈何都不会减少半分。

因为我们，无法挽留，无法营救，无法努力。

那么,除了接受"再也见不到"的残酷事实,我们活着的人还能做什么呢？

首先，你可以由着自己悲伤一阵子，你可以一个人默默想念，可以睹物思人，可以感慨物是人非，也可以趴在某某的肩膀上痛哭流泪。

然后，你要把悲伤从脸上擦掉，带着那个人对自己的期待和爱，继续热烈地、灿烂地活下去，要活得更有骨气，更有人情味，更有精气神，更有目标，更有动力，更有乐趣……这才算是对那个人最好的交代。因为除了好好活着，我们对这场生离死别，真的没有还手之力。

再然后，好好记住他们。死亡只能结束一个人的生命，并不能结束你和他们的关系。只要你对他们的思念还在，他们就永远活在这个世界上。

如果有一天，你发现他们好久没有来到你的梦里，那就说明他们在那边"一切都好"。

如果他们来到了你的梦里，那就说明他们想知道你"近来可好"。

**哦，对了。亲人离世之后，千万别删除微信，有了喜事之时，还能通知一下。**

·2·

特别喜欢一本名叫《也许死亡就像毛毛虫变成蝴蝶》的绘本。
小克里斯蒂安问爷爷："你知道你什么时候会死吗？"
爷爷说："不知道。"
他问："连奶奶也不知道？"
爷爷说："是的，谁都不知道。"

克里斯蒂安突然说："我想知道我什么时候会死。"
爷爷问："为什么呀？"
他说："这样我就可以在死之前做很多想做的事，比如和全家人一起去海滩，跟你一起坐飞机，还有养一只狗狗。"

爷爷说："为什么非要等快死的时候呢？这些事情现在也可以做啊。"

克里斯蒂安恍然大悟："对哦。"

人生不过 3 万天，扣掉年少无知和老年无觉的日子，满打满算也不过 7000 天，再扣掉睡觉、走神、拍照 5 分钟修图两小时、闲得刷短视频、失恋拿脑袋撞墙、跟朋友胡吃海喝、跟同事明争暗斗、跟小人恼羞成怒、跟陌生人针锋相对的时间……人真正清醒的时间，大概不到 1000 天。

**如果一个人不学习，不长见识，不存储有趣的经历，不参与竞争，不承受压力，不承担责任，不去爱，那么就算长命百岁，也不过是把无聊和庸俗无限延长罢了。**

贪生也好，怕死也罢，都是人之常情，但在死亡面前，真的是人人平等。无论你是国王还是车夫，是巨富还是乞丐，你的地位、金钱、名利、声誉都无法改变"你终有一死"的事实。

生老病死是人生中再正常不过的事情，面对和接受死亡则是每个人的人生必修课。

然而现实中，我们似乎都很默契地在屏蔽"死亡"这件事，小心谨慎和避而不谈似乎是约定俗成的。

比如亲人重病住院，在弥留之际都会强调一句"不要让小孩子进来"；

又如在灾难现场或者遗体告别会上，人们也都会刻意地说"别让小孩子看到"；

再如大家在茶余饭后也忌讳谈死，都认为"那不吉利"。

以至于当小孩子问："什么是死啊？"

有的家长说："就是睡着了，并且永远不会醒来。"这个回答吓得很多小朋友不敢睡觉。

有的家长说："就是去天上，而且再也不能回到地面上来。"这个回答吓得很多小朋友不敢坐飞机。

还有的家长说："就是永远地离开，再也见不着了。"这个回答吓得小朋友总是莫名其妙地突然抱住妈妈，还流着眼泪央求道："不要离开我。"

我们本能地用遗忘、忽略和隐瞒来抵消对死亡的恐惧，就好像只要不提它，它就永远不会发生似的，这跟掩耳盗铃有什么区别？

·3·

想起一个男生的私信，他给我发的第一句话是："老杨，我不想活了。"

然后他又发了几张站在屋顶的照片，我赶紧劝他别做傻事，陪他聊了好久。聊完之后我才意识到，他不是真的想死，他只是不想继续那样活着。

他说："我不知道每天去工作有什么意义，那个又肥又丑的领导天天针对我。我想不通我曾经那么努力学习、工作，究竟是为了什么？难道就是为了在一个没有前途的职位上受人折磨吗？"

他说："我们全家人的希望都放在我身上，我却不知道我的希望在哪里。所以现在的我，即使没有希望，也得抱着希望；即使没有野心，也得野心勃勃。"

他说："我感觉我的人生卡住了，卡在'想努力，但不知道从何做起；想躺平，但又没资格躺平'的状态里。"

最后，他抛出了他的人生困惑："既然我们最终都会死去，那活着还有什么意义呢？"

我回答道："你想象一下，你的面前摆着一块蛋糕，是你最爱的人为你挑选的，是你最喜欢的口味。你会因为它最终会被吃掉，就觉得它的存在毫无意义吗？你不会，因为你感受到了'被爱'，因为你得到了'享受'，因为它愉悦了你的'体验'。这跟活着是一个道理，我们不能因为一样美好的东西最终会消失就认为它的存在毫无意义。我们确实会死，但这不妨碍我们去体会，去亲历，去感受，体会爱与被爱，亲历高光和低谷，感受得到和失去。"

当你感到焦虑、迷茫、左右为难的时候，当你受困于人际关系、被鸡毛蒜皮纠缠或者感到压力巨大的时候，你就提醒自己：

我早晚是会死的，到那时，这个星球上就再也没有我存在过的痕迹。

我管他什么面子、里子，什么名利、地位，统统不重要了。

我开心更重要，我心里舒服更重要，我变成了更好的自己更重要，我得到了全新的体验更重要，我全力以赴过更重要……

**一个善意的提醒：如果你没有按你真正想要的那种方式去生活，你的灵魂每天都会喊疼。**

乔布斯曾在演讲中说过："死亡是生命最伟大的发明。""所有外界的期望，所有的骄傲，所有对于困窘和失败的恐惧，都会在死亡面前烟消云散。""你已是一无所有，没理由不去追随内心。"

如果你总是能够清醒地意识到"我是会死的，我只有一个一生，我只有这辈子"，你就会选择你认为重要的东西，就会做你真正喜欢的事情。

你对生活的态度就会从"我要在意、我想控制、我必须拥有"，转变为"我要欣赏日常生活中的微小快乐，我要珍惜亲密关系里的细微感动"。

你就会好好爱自己，爱生活，爱家人；你就会少计较，少抱怨，少指责；你就会活得更积极，更乐观，更平和；你在困难面前就会有信心，有爱心，有决心。

你就会明白说服别人纯属浪费生命，讨好别人纯属浪费表情，在三更半夜忧心忡忡纯属矫情。

你就不会对他人提过多的要求，而是想着"怎么愉快地跟他们同行一程"。

你就不会再过度地追求财富和权力，而是想着"怎么最大限度地实现个人价值"或者"怎么最大限度地让自己活得开心"。

你就不会慷慨地把时间赠予你根本不爱的那个人，也不会慷慨地把时间浪费在你根本不喜欢的那种生活上。

**切记，这世界只是你的游乐场，不妨再大胆一点，再尽兴一点，别浪费了这张门票。**

· 4 ·

我们对死亡的思考，其实可以归结为：我们该如何度过这一生？

周国平先生给出了近乎完美的答案："我一生都在为人生最后的 60 秒做准备，以求在这个时辰心情是充实、平静、安详的。我的心情是充实的，因为我的记忆里积淀了此生所有美好的经历和动人的爱，我将带着丰富的宝藏去往另一个世界；我的心情是平静的，因为我一直做着我喜欢的工作，工作是永远做不完的，现在下班的时间到了，我就像平时每天下班那样，轻松地回家吧；我的心情是安详的，因为我早就知道这个时辰必定会到来，在心中把它默想了无数遍，对它已经很熟悉了，我要对爱我的人们说，请你们放心吧。"

**是的，对死亡最好的准备就是在此时此刻用心去过充实的生活。**

为什么非要等到痛苦不期而至、衰老如期而至、死亡不可避免的时候，你才开始热爱周围的一切，才开始自律、惜命、惜缘？

为什么非要等到一切都尘埃落定了才开始思考怎样能活得有趣？才开始想着要遵从自己的意愿活着？

我们都知道"人生不过几十年"，但谁都不知道"人生还剩多少年"。

所以，我们要格外珍惜还能活蹦乱跳的、还能想念的每一天。当我们能够坦诚地、清醒地、单纯地活在此时此刻，那么活着就是一件赏心乐事。

你只有活得精彩，才能死得无憾；你只有活得痛快，才能死得坦然。

如果有一天，我们不得不离开这个世界，希望我们每个人都曾经好好活过，认真努力过，真心去爱过，尽兴地体验过。

**没有充分活过的人最害怕死亡，就像虚度了一天的人最不想睡下。**

关于活着这件事，死亡是最好的老师。

死亡让我们知道自己的时间有限，让我们不再沉溺于一时的成败和输赢，不再受制于世俗观念和他人眼光，不再活在金钱和名利里，而是用自己喜欢的方式，做自己喜欢的事情，陪自己喜欢的人，过自己喜欢的生活，把这不得不过完的一生变成值得庆贺的一生。

如果你咬定了人只能活一次，你就没理由随波逐流，就不应该混吃等死，就不会再为面子消耗时间，就不会揪心于某个人拐弯抹角的言语，就不会在"有怨不敢言"的旋涡里自我拉扯，就不会费心思去分析他人对自己的看法，更不会浪费时间在网上跟陌生人吵个没完，你就不舍得让这短暂的一生是丑陋的。

如果你持续地意识到自己终有一死，你就会只做对自己而言真正重要的事。你会焦虑，会认真思考 18 岁应该读什么样的书，25 岁应该找什么样的工作，30 岁要不要结婚，如何度过中年危机，以及如何安度晚年……

我们活着是为了不辜负来这世上走一遭，是为了享受生活，而不是为了等死。就像我们吃饭，是为了给身体提供养分，是为了享受美食，而不是为了排泄。

人生最大的意义，就是不枉此生。

所以，真的没必要惧怕死亡，你该怕的是"从未活过"。

最好的生死观是：我的生命结束在哪一天，我都是可以接受的，但前提是，我没有辜负当下的每一天。

**好好活着，敬这"必死无疑"的一生。**

·5·

最后再聊一个沉重的话题：选择好死？还是选择赖活着？

有个医生讲了一件"非常普通的事"，之所以说它"普通"，是因为这样的事每天都在医院里发生着。

有一位 80 多岁的老人，因为脑出血入院，情况非常危急，老人的家属叮嘱医生："不管多大的代价，一定要让他活着！"

经过四个小时的全力抢救，老人活了下来。代价是，老人的气管被切开了，喉咙被打了一个洞，用一根粗长的管子连着呼吸机……

老人偶尔也会清醒过来，但只能痛苦地眨眨眼睛，没过多久，便再次昏睡过去。

即便如此，老人的家属也显得格外激动，再三地感激医生："谢谢你救了他的命。"

家属轮流陪护着老人，目不转睛地盯着监护仪上的数字，每看到一点变化就会立即跑去找医生。但老人的情况越来越糟糕，医生参与救治也越来越频繁，扎针、插管也越来越多。

医生再次询问家属："老爷子真的没救了，是拖下去，还是放弃？"

家属们斩钉截铁地说："坚持到底！"

十天之后，老人去世了。他浑身都是针眼和插管，面部浮肿，早已不是来时的模样。

**医生说他理解世人的孝心，但还是不解地问："如果老人能够表达，他愿意用这样的方式多活这十天吗？花那么多钱，受那么多罪，难道就是为了插满管子死在 ICU 吗？让一个人这么痛苦地多活十天，就能证明我们很爱很爱他吗？我们的爱，就这样肤浅吗？"**

这让我想到了作家琼瑶，她专门为自己的死给家人写了一封公开信——《预约自己的美好告别》。她特意解释了写这封信的原因是生怕"你们对我的爱，成为我自然死亡最大的阻力"。于是她郑重地叮嘱家人："不论我生了什么重病，不动大手术，让我死得快最重要；不把我送进加护病房；不论什么情况下，绝对不能插鼻胃管；不论什么情况，不能在我身上插入各种维生的管子。"

最后还强调说,"帮助我没有痛苦地死去,比千方百计让我痛苦地活着,意义重大","让我变成求生不得、求死不能的卧床老人,那样,你们才是大不孝"。

是的,与其耗尽财力让病人在重症监护病房里受尽折磨,直至耗光他所剩无几的生命,不如抽出时间陪他度过最后时刻,带他去他想去的地方,听他谈他的人生,记录他的故事,帮他弥补人生的遗憾,以及肯定他过去的成就……如此一来,他的离世就像是经过了漫长的一天之后,终于可以上床休息了。

**不要让你最爱的那个人最后的结局是"不得好死"**——在奄奄一息的病人身上东开一刀、西开一刀,在他身上插满各种各样的管子,以此来维持生命——就连惩罚穷凶极恶的坏人,都不会采取这样的手段。

## 13. 你不知道你不知道：
### 傲慢来自偏见，偏见来自无知

Q：为什么你很少看到劳斯莱斯的广告？

· 1 ·

有人去买牛肉："老板，牛肉怎么卖？"

老板说："一斤 30 元，三斤 100 元。"

这人心想，这数学是体育老师教的吧。于是他花了 30 元买一斤，连着买了三次，然后对老板说："你看，我花了 90 元就能买三斤，你的价格定错了。"

老板笑了笑，说："自从我这么定价之后，经常有人像你这样，分三次买三斤。"

街上一直有人在传，说有个傻子不认识钱。于是好多人去围观他，拿出 1 元和 5 元钱摆在他面前，问他要哪一张？他只挑 1 元的，大家笑他真傻，一传十、十传百，来逗他的人越来越多。

傻子的爸爸忍不住问："别人给你钱，你为什么不选 5 元的呢？"

傻子回答："如果选了 5 元的，以后谁还拿钱来逗我？"

有个平时不怎么喝酒的人，每次感觉要醉了时，就有意去做一些心算题，比如两位数的乘除法或者五位数的加减法，以此来检测自己大脑的运转速度是不是下降了。

他先是心算出一个结果，然后拿出计算器进行对比，发现心算的正确率高达 99%，这让他对自己的酒量深信不疑。

直到有一天，他又拿出了计算器，旁边的人开口了："你喝醉了吧？"

他愣住了："我的心算全都对了，你看看，你为什么说我醉了？"

那人说："因为你在计算器上摁数字，6 个数字，你足足花了 10 分钟。"

一个卡了的 CPU 是意识不到自己卡的，一个犯傻的人也意识不到自己傻。

**知道自己傻，你可以去改正；知道自己不懂，你可以去学习。最可怕的是，你不知道自己不知道。**

·2·

你不知道你不知道，所以才会那么骄傲。

韩寒写过一篇文章，《我也曾对这种力量一无所知》，说他喜欢踢足球，曾在校队里踢得风生水起，还自诩"护球像梅西，射门像贝利"，然而就在他 20 岁那年，他与上海各高中校队的优秀队员组成的球队，被一支职业球队的儿童预备队（队员都是小学五年级左右的学生）踢进了 20 个球，而他们进了 0 个。

他喜欢打台球，曾在各个圈子里打败了很多人，还被人称作"赛车场丁俊晖"和"新城区奥沙利文"，有一次跟世界冠军潘晓婷打球，他本以为就算实力有差距，但凭借心态和运气还是有一线生机的。然而他开球之后，潘晓婷就一杆清台了。因为他们拟定的规则是："输的人开球"，于是整个晚上，韩寒只在做一件事情：开球。

这就是业余对专业的无知，是个人爱好对职业的无知，是"觉得自己挺厉害"对"真厉害"的无知。

类似的事情还有：有个小伙子，每次看家乡球队比赛都发脾气，骂他们踢得臭，大声喊"我上去都比你们强多了"。后来，他真的去找俱乐部，还信誓旦旦地说要振兴家乡足球。

俱乐部的保安好说歹说，他都不听劝。后来，来了一位 50 多岁的老教练。老教练对小伙子说："你要是能过掉我，我就让你进去。"

一个小时后，小伙子灰溜溜地走了。

还有一个年轻人，在一个潜泳区遇到了一位救生员。年轻人一脸的不服气，因为他从小在海边长大，觉得自己游泳很厉害，非要找救生员比一比。于是两人约定："将 10 斤的哑铃放在水下 5 米、距离这里 50 米的地方，我们游过去捞起哑铃，再扛着哑铃游回来，看谁用时短。"

年轻人"扑通"一声就跳下去了，等他游回来的时候，发现救生员早就坐在岸边休息了。

年轻人喘着粗气问:"你说我们业余的和你们专业的,差在哪儿呢?"
救生员笑着说:"专业的在下水之前会脱衣服。"

**一个行业里,能做到极致意味着 99 分,而顶尖高手是 90 分,优秀水平是 80 分,但是大多数人会以为自己得了 10 分就是满分了。**

人性就是这样:你知道得越多,越感觉自己无能为力;你知道得越少,越觉得自己无所不能。

对自己擅长的领域有了深入的了解,你做事会感到棘手,会隐隐觉得自己不行;而对自己不擅长的领域,你只是知道皮毛,反倒觉得自己能够胜任。

难怪巴菲特会警醒世人:请认清你的能力范围,并待在里面,这个范围有多大,并不重要,重要的是,知道这个范围的边界在哪里。

查理·芒格也有过相似的提醒:你必须找到你的才能在哪里,如果你总想在能力范围之外的地方碰运气,那么你的职业生涯将会非常糟糕。

业余与专业的差别主要有两点。

一是在表现上:业余的人总觉得自己哪儿哪儿都好,所以谁都不服;而专业的人知道自己有哪些不足,所以遇人遇事总是心存敬畏。

二是在追求上:业余的人会一直练习,直到某个动作偶尔能"像那么回事"为止;而专业的人会一直练习,直到每个动作在每一次使用时都不会出错为止。

事实上,每个行业里,真正专业的力量是外行无法理解的。

怕就怕，你打过几场社区羽毛球比赛，就觉得自己可以挑战奥运冠军；

踢了几场公司组织的足球赛，就觉得自己公司的球队可以打败国家队；

在校门口开过小卖部，就觉得自己洞察了零售行业趋势；

有一两个拿手菜，就觉得自己可以开连锁餐厅；

看到别人做自媒体，就觉得"录视频谁不会啊"。

**人之所以言之凿凿，是因为知之甚少。就像在烂泥塘里打滚久了的人，会以为烂泥塘就是全宇宙。**

·3·

你不知道你不知道，所以才会胡说八道。

有个男生，一毕业就进入一家世界500强企业。他被录用的真实原因是，当时他的研究课题和公司想做的一个项目的难点有关。但等他正式入职时，这个项目已经停滞了。

但男生并不知道这个事实，所以每次被学校请回去给学弟学妹们做演讲时，他会在讲台上高谈阔论，把自己被大公司录取的原因归结为对商务方面的知识储备充分、擅长英语谈判以及拥有出色的写作能力，反正跟他被录取的真正原因毫不沾边。

与之类似的还有这样的偏见："女生读那么多书有什么用？女博士是找不到男朋友的。""读大学有什么用？比尔·盖茨和乔布斯不是都没念完大学吗?"

事实不是这样的。谈不了恋爱，嫁不进豪门，大概率是因为长得不出众、性格不好、眼光太高、"还没遇到"，并不是因为"她是博士"。

有些人读大学之所以没有用，是因为他们不是在读大学，而是在混大学。而那些大佬之所以没读完大学也很出色，是因为他们在某个领域有一技之长，在某个赛道上颇具远见，他们把心思都用在了这一技之长上，并不是因为"没读大学"。

**当谬论变成一种普遍的存在，驳斥它反倒更像是强词夺理。**

有个网络现象被称作"傻子共振"。互联网的快速发展，本来可以让井底之蛙们看到井口之外的世界，可惜大量的井底之蛙通过互联网达成了一种共识，它们一致认为世界只有井口那么大。谁说井口之外还有天地，谁就是在胡说八道。

再加上互联网各种算法的推波助澜，你喜欢什么、点赞什么、相信什么，它就给你推送什么。于是，你的认知越来越固化，视野越来越狭窄。

一个人走运还是倒霉，一件事顺利还是曲折，原因往往很复杂，我们只能看到我们有能力看到的，只能理解我们有能力理解的，但都是以管窥天罢了。

就好比说，为什么袜子总是少一只？因为丢两只袜子的时候，你根本就不知道。

为什么老物件总是坏不了？因为坏了的老物件早就被你扔了。

怕就怕，被一个人欺负过，就觉得外面都是恶霸；被一个人骗过，就觉得人人都是骗子。

你昨天吃了一只鸡，今天感冒了，你就说是吃鸡导致你感冒的。

你坐电梯的时候做了三个蹲起，然后到顶楼了，你就说是因为你做了蹲起，电梯才到顶楼的。

人性的丑陋之处就在于：但凡自己是因为运气而成功的，就会说成功是自己奋斗得来的；但凡自己是因为能力不足而失败的，就会说失败是因为运气不佳；但凡是自己愿意听的消息，就会被自己敏锐地捕捉到；但凡是自己反对的消息，就会被自己"巧妙地"忽略，从而让自己越来越坚信"我的观点依然成立，我的解释仍然可信"。

你认定了班里那个长得好看的女生是那种不干净的人，那么在你看来，她说话的声音就难免轻浮，她的谈吐就难免庸俗，和她打交道的人就难免道德败坏。

你认定了"评优名单"有问题，那么就算把评比的规则、标准、材料统统摆在你面前，你还是会觉得"这里面肯定有猫腻"。

你发自内心地反感某个人，那么就算他天天做慈善，你听到他的名字依然会觉得难受，甚至连他喜欢的汽车品牌和衣服风格都一起讨厌了，甚至连跟他有一个共同喜好的明星都觉得是一种耻辱。

你认定了自己的减肥方法是科学的，一旦发现自己比昨天轻了，就会得意地归功于少吃了一块肉、少喝了一杯奶茶、多走了一公里以及某某减肥食品管用、某个减肥食谱奏效等。但如果体重增加了，你就会安慰自己说："哪儿有那么容易减下来的。"

**所以，要坚定地认为自己的想法是对的，同时也要坚定地认为自己会有错的时候。**

·4·

你不知道你不知道，所以才会大言不惭。

你生活在城市，你会用电梯，会用电脑，知道从哪里进超市，在哪里结账。

有人生活在山村，他可能没见过，也没用过你说的那些，但他分得清茄子苗和辣椒苗，知道五谷杂粮怎么做才好吃，知道刺猬和黄鼠狼躲在哪里……而这些事，你不知道，也没见过。

你喜欢看漫画，你知道很多漫画家，知道他们的成名作和绘画风格，这些事可能别人不知道。

但他喜欢汽车，他认得出马路上每一辆车的车标，甚至还知道汽车的发动原理。而你可能分不清宾利和 MINI。

不要因为自己懂一点别人不懂的，见过一些别人没见过的，就觉得自己比别人厉害。

自己懂但别人不懂的，要带着善意去提醒；自己不懂但别人懂的，要带着善意去请教。

科比不会嘲笑你投篮不进，刘翔不会嫌弃你跑不快，菲尔普斯不会看不起你的狗刨式泳姿。因为你们不是一个水准，他们可能会耐心地教你投篮姿势，细心地教授你跑步技巧，为你讲述换气方法，但绝对不会看轻你，更不会在你面前彰显优越感。

如果一个人远强于另一个人，是不会将他视为对手的，也不会过多地关注他，更不会因为他产生情绪上的波澜。

事实上，相互嫌弃是因为相差无几。如果你觉得身边的某人太蠢，那只能说明你和他的差距不大，而你还没有意识到而已。

成熟是一个过程。当你见识少的时候，你只看到世界的美好，却不知道它还有糟糕的一面。或者你只看到世界的糟糕，却忽略了它的美好。

但是，当你见识多了，你就可以越过鸟语花香，看到世界的丑恶和人性的奸邪；也可以超越不公平和不完美，看到人间的温暖和人性的纯善。

你就会明白，这个世界不是非黑即白的。很多时候，在 A 和 B 选项之外，还有 C、D 和 E、F；很多事情，在"不是你赢，就是我输"和"不是我赢，就是你输"之外，还有共赢和双输。

怕就怕，你一遇到理解不了的事和沟通不了的人，第一反应就是否定、排斥、挑毛病，这相当于自己在"主动选择成为弱者"。因为你的眼睛、脑子看不到别人这么做的好处是什么，你的嘴又拒绝去请教，那么你就不可能从别人那里学到东西，你就会习惯性地孤芳自赏，活在偏见中。

久而久之，你就只能停留在已有的那点本事和见识上，落后或被淘汰是早晚的事。

成熟意味着能看到人与人之间的差异，但又明白"这种差异并不重要"；能察觉出"我这种活法"和"他那种活法"的不同，但又明白"这些不同是正常的"。

既然彼此存在着不同，就一定存在着"无法沟通"的时候。这时候，不用绞尽脑汁地找证据，也不用非说服对方不可。

对于沟通不了的人，闭嘴就好，远离也行。他觉得他有理，你就让他自认为自己占理；他觉得他赢了，你就让他自认为自己胜利了。

毕竟，你没有义务去教育一个傻子。

**换个角度来说，当你发现自己在社交软件上所向披靡时，请记得停下来，想一下："会不会是因为别人觉得我是个傻子，所以懒得理我？"**

·5·

你不知道你不知道，所以才会大喊大叫。

有人向你求助："我键盘上 T 和 U 中间的那个键坏了，你能帮我修一下吗？"

你瞬间怒了："你怎么这么矫情，就说是 Y 键坏了呗。"

对方提醒你："对，那个键坏了，敲不出来了。"

**很多人很容易忽略的一件事是：你以为的问题，很可能只是别人的解决方案。**

比如说，A 抽烟，你冲他吼"抽烟有害健康"，但对他来说，抽烟只是他的解决方案。他可能正在面临某个两难的选择，可能是他正处在高压的状态，焦虑于某件事情的结果，对某个问题感到困惑或者无能为力。

B 总是熬夜，你教训他："熬夜对身体的伤害有多大，你知道吗？"但对他来说，熬夜可能是无奈之举。或许是老板还在等着他的修改方案，或许是他喜欢谁但被拒绝了，又或许是家里人生病了而他拿不出钱来。

C 一个人在火车站附近住 30 元一晚的简陋宾馆，你批评她："太不安全了！"但对她来说，这也许只是她能够负担得起的解决方案。

D 喜欢逃课，你凶他："你这样太过分了，对得起你的父母吗？对得起你自己吗？"但对他来说，逃课很可能是他的解决方案。他可能是受了欺负，可能是被冤枉了，可能是被排挤了。

当你发现别人出现某个问题的时候，不要急着指责他，而是要试着去了解他到底经历了什么，或者到底发生了什么，试着去搞清楚他为什么那么做，以便确认这到底是"他的问题"还是"他应对其他问题的解决方案"。

尤其是在亲密关系里，当你发现对方情绪很好时，你要视作他在分享开心；而当你发现他情绪不佳时，你要明白他需要关心。

不懂得出题人的意图，你永远拿不到高分；不懂得客户的需求，你永远签不成大单；不懂得伴侣的情绪，你永远维系不好一段关系。

而真正的"懂"，是放下自己心中已有的想法和判断，一心一意地去体会他人的情绪和需求。

类似的问题还有：你的很多结论，很可能是弄反了因果。

比如，你很少看到劳斯莱斯的广告，不是因为它不打广告，而是它把广告打在了目标客户出现的地方。你不是它的目标客户，所以你很少看到。

不是因为游泳才身材好，而是身材好的，才被选去游泳了。

不是因为打篮球才长得高，而是长得高的，才被调去打篮球了。

不是因为用了某个品牌的化妆品，那个模特才那么好看的，而是那个模特很好看，才被请去当模特了。

所以请你，少一些自作聪明，多一些谨言慎行；少一些言之凿凿，多一些深思熟虑。

你以为世界是一颗种子，其实世界是一个苹果；你以为世界是一个苹果，其实世界是一棵苹果树；你以为世界是一棵苹果树，其实世界是一片无边无际的果林……

**这个世界上有多少人，就有多少种毛病，可惜多数人治不好自己，只好去嘲笑别人。**

## 14. 人只能赚到自己认知范围之内的钱：
   一夜暴富这种需求，通常只有骗子才能满足

Q：假如你在 30 岁之前发了一笔横财，你会怎么做？

· 1 ·

有一个热门问题：为什么我们总是错过类似房地产、互联网、虚拟货币这样的暴富机会呢？

一个高赞回答是：如果你真的有这种投资的实力，那么你显然还错过了共享单车、网贷这样的能让你倾家荡产甚至锒铛入狱的机会。

认知不够会造成两种局面：一是"见利而不见害，见食而不见钩"；二是"浪潮出现时看不见，大势已去时不甘心"。

还有一个好玩的问题："假如你在 30 岁之前发了一笔横财，你会怎么做？"

获赞最多的回答是："放在银行里别动，存个定期，至少三年都别动。"

为什么劝你"不动"？因为你的见识、能力、认知暂时是配不上这笔巨款的，你要么会将它挥霍一空，要么会投资亏损。

就像那个段子说的："你所赚的每一分钱，都是你对这个世界认知的变现。你所亏的每一分钱，都是你对这个世界认知有缺陷。你永远赚不到超出你认知范围的钱，除非靠运气，但是靠运气赚到的钱，最后往往会由于实力不足而亏掉。这个世界最大的公平就在于：当一个人的认知不足以驾驭他所拥有的财富时，这个社会有一万种方法收割你，直到你的财富和认知相匹配为止。"

**财富是对认知的补偿，不是对勤奋的奖赏。如果补课就能成绩好，那么加班就能发大财。但怎么可能呢？**

· 2 ·

在某所大学的课堂上，教授将同学分成若干个小组，每个小组领 30 元，他们需要利用这 30 元去赚尽可能多的钱。几天之后，每个小组用 3 分钟时间展示了他们是怎么赚钱的。

有的小组选择了卖信息。他们发现某些热门餐厅需要排长队，于是他们提前预订座位，然后出售给不想等位的顾客。

有的小组选择了卖面子。他们在学校附近支起了摊位，免费为同学的自行车测气压、打气，然后请求同学捐款。

而赚钱最多的小组卖的竟然是课堂上的"3 分钟展示"。因为他们所在的大学是所名校，有很多公司都希望来这里打招聘广告。于是，这个小组把课上的"3分钟展示"卖了个天价。

为什么别人想不到?

因为大多数人的认知都被那30元限制了,总想着如何使用这30元,所以看不到更多的可能性。

有一对兄弟,哥哥以做泡菜为生,他在一个偏远的农村租了一块地,专门种卷心菜,用来做泡菜。弟弟白天打工,晚上去求学,学的是冶金和地质。

几年之后,弟弟学成归来,去村子里看望哥哥。哥哥兴奋地带着弟弟去看他的菜园子。弟弟习惯性地蹲下来查看地上的土壤,突然发现不对劲,他用水盆反复漂洗土壤后,竟然在盆底发现了金光闪闪的东西。

弟弟惊讶地说:"哥,你知道吗,你在一座金矿上种植卷心菜。"

为什么哥哥不知道?

因为他没有辨识的能力。

有个文物专家去逛古玩市场,在一个地摊上看见一个古杯,再三确认后发现是真品。他就对地摊老板说:"你这是皇帝用过的,价值千万。"

地摊老板不信,还笑呵呵地说:"那我两千卖给你,你敢买吗?"文物专家马上就付款了。

为什么地摊老板不信?

因为他掌握的知识不够,你说是真的,他很难相信。

**人只能赚到自己认知范围之内的钱。**

· 3 ·

我知道，谈论诗和远方很美好，淡泊名利和不差钱的样子很酷，关注辽阔的宇宙很浪漫，但身为普通人，要想在这个功利的世界里活得更体面一点，就必须努力赚钱，去养自己，养家，养梦想，养爱好，养尊严和面子，养情怀和快乐……

这听起来一点都不酷，但当你看到自己银行卡里的余额慢慢增加，看到自己距离想要的生活越来越近，看到自己能为所爱之人的健康和快乐买单，那么你收获的，是一天比一天更优秀、更自信的自己，是一年比一年更如意、更松弛的生活。

你会发现，钱是一个人的胆子，是一个家庭的底气。

没钱会让人卑微到什么程度呢？

大概是，但凡能用钱解决的问题，你却不得不用比钱更宝贵的健康、生命、时间、尊严去解决。

**所以我一再提醒大家：不要动不动就视金钱如粪土，而是要理直气壮地爱钱，清清白白地赚钱，开开心心地花钱。**

有钱的意义不在于肆意挥霍，而在于你不用时时刻刻为了房贷、车贷而发愁，不用为了省钱去吃那些便宜但不卫生，甚至会让你短命的外卖，不用为了省钱而在喜欢的东西面前说"也就那样吧",不会因为没钱而在喜欢的人面前打退堂鼓说"我配不上他"。

毕竟,热水治不了百病,情话过不了一生,钱对普通的你我来说,就是疲惫生活里的解药。

怕就怕,别人的"财富自由"是想怎么花就怎么花,而你的"财富自由"是"财富它自己特别爱自由,根本就不愿意待在你的银行卡里"。

怕就怕,你明明知道钱能解决你当下 99% 的问题,却因为某个人不喜欢自己、某句话不中听、某个观点和自己的想法冲突了,就坐在工位上干耗着,白白浪费了赚钱的机会。

怕就怕,你明明很喜欢某个东西,心里痒了好久,可当你问完价格发现贵得离谱时,却只能表现出"我还是想买,但需要考虑考虑"的样子,实际上你已经想好了坐地铁几号线回家。

金钱是熨斗,能把生活里的褶皱熨平。如果你连赚钱都需要人哄着,那么你活该不快乐。

金钱是水泥,可以加固我们的命运。以后你爱的人在医院急用钱的时候,你总不能只跟医生说你很爱她吧?

**切记,成年人的世界没有避风港,你的余额就是你的安全感。**

·4·

很多人赚不到钱，有一个很重要的原因是：对赚钱这件事充满了敌意。

在你的认知里，赚钱是一种损人利己的行为，是把钱从别人的钱包搬到自己的钱包里，自己的钱包里多一块钱，别人的钱包里就会少了一块钱。

你过去的教育和经历也总是在提醒你："金钱是万恶之源""有钱人为富不仁""男人有钱了就变坏了"，所以你的潜意识会认为有钱人是不善良的，对金钱的渴望是不道德的。

所以你会想尽办法去躲避与"赚钱"有关的一切，以确保自己的纯良和干净。

我想提醒你的是，你的财富并不是因为夺取他人的财富而获得的，你的银行存款增加也不会导致别人的存款减少。赚钱的逻辑是：大家都是受益者。

所以你要坚信：自己赚钱是在帮助别人，是在为别人提供有价值的服务，是在让别人的生活变得更美好。

当然，肯定会有利益相互冲突的时候，这时候就需要"被讨厌的勇气"了。因为把食物从老虎的嘴里夺走，或者把肉从羊身上夺走，还盼着老虎和羊都喜欢你，那是不可能的。

一旦对金钱产生了敌意，你就会变得过分清高，会故意压制自己对金钱的欲望，会打消自己的工作积极性，会抑制自己向上爬的进取心，你甚至会讨厌、反感那些有进取心、有欲望、有野心的人。

比如说，你喜欢一个知识博主，你关注他很久了，他做的每一期视频你都会点赞，但有一天，你看到他发广告了，你就很失望，觉得他变庸俗了，于是你"取关"了。

又比如说，你喜欢一个明星，你喜欢他的睿智，喜欢他的真诚，但有一天，你看到他去直播带货了，你就很失望，觉得他的光辉形象坍塌了，于是你"取关"了。

还有很多人赚不到钱是因为赚钱的欲望不够。
你说微商太 low 了，瞧不起，那是因为在你心里，清高比赚钱重要；
你说直播害羞，不好意思露脸，那是因为在你看来，面子比赚钱重要；
你说摆地摊太累，不想做，那是因为你觉得，舒服比赚钱重要。

既然什么都比赚钱重要，那么你当然赚不到钱。
那些真正想赚钱的人是不会挑三拣四的，别人觉得难为情、觉得辛苦的事情，他们都会硬着头皮、厚着脸皮去做。

你看过网红打 PK（对战）吗？输了要吃生鸡蛋，喝辣椒水，灌白酒……看着他们痛苦的表情，你是不是以为他们以后再也不会打 PK 了？可你看他们，受完惩罚之后擦一把脸，就大吼一声："再来！"

换作是你，你愿意吗？你可能会说："如果我一晚上能赚成千上万，我也愿意。"可是谁一开始就能赚那么多呢？

所以，不要瞧不起"赚钱"这件事，不同的工作有不同的辛苦。小摊店主凌晨起床，就为多挣几块钱；朝九晚五的国企员工做着重复的工作，不知什么时候是个头；大厂程序员忍受着996的工作强度，早已经心力交瘁；不知名的小博主住着地下室，还得维持表面的精致……

也别再喊不公平了。同样出身普通，没资金、没人脉、没背景，有的人天天刷着手机，到处嚷嚷说世界不公平，好机会都被有钱人抢走了；有的人则一心做学术，或者认真学直播，或者努力搞实业，照样能赚得盆满钵满。

**事实上，当你特别想得到一样东西或者特别想做成一件事的时候，你的决心和努力就会变得完全不一样，以前吃不了的苦，现在能吃了；以前不敢做的事，现在敢做了。至于清高、害羞、面子这些矫情的东西，都会让道于"我想赚钱"。**

·5·

有个小伙子，辞去了月薪一万五的工作，去夜市摆摊卖烤串。

让他下决心辞职的是一场同学会，他看到曾经连大学都没考上的老同学开大排档发了财，名表、豪车都有了，活得相当体面，而当年考上大学的他却在一家不知名的公司里挣着死工资，他左思右想，也决心去租个摊位卖烤串。

他先去学习了如何卤制，如何烧烤，后来又像别人那样使劲吆喝。他起早贪黑，忙活了大半年，但一算账，发现亏了一万多。

他去向那个开大排档的同学请教"发财的秘诀",人家在喝了 8 瓶啤酒之后才说了实话:

"我家大排档的位置好,人流量大,那可是我花重金求购的;

"我媳妇是做营销的,她在各个短视频平台投了很多广告,效果不错,但花销也挺大的;

"我一次购买的牛羊肉很多,可以压低进货价格,但存储的成本也很高的;

"我每天都在学习什么东西卖得好,跟不同的人打交道,去不同的地方拜师,投入也很大的;

"卖烤串绝不是把肉串烤熟就行了,还得有味道,这可是我独家研制的秘方。"

很多人都有过类似的困惑:"为什么和同龄人比起来,我干得最多,活得最累,却挣得最少?"

因为你看到的只是表象,却不知道别人在你看不到的地方吃了多少苦头、掌握了多少门道,在你不了解的领域付出了多大的心血。

怕就怕,你总想着赚大钱、赚快钱,却连 100 元的小钱都赚不到,因为你连赚钱的门道都没搞清楚。就好比说,还没有学会走路,就想拿马拉松冠军,这不是做梦吗?

这样的你,不仅赚不到钱,可能还会赔钱。因为你会投一堆完全不懂的项目,买一堆看起来"高大上"的财富课,报一堆根本就听不懂的财富班,攒一堆似懂非懂的情商理论，进一堆据说全是牛人的大咖群……

**结果是，在一个最容易赚钱的年代，你成了最容易被赚走钱的人。**

关于金钱，我希望你明白这 5 点：

1. 你月薪 3000 元，人家月薪 10000 元，你们的差距不是 3.333 倍，很有可能是 8 倍，因为生活成本都差不多，你一个月只能存下来 1000 元，而人家能存下来 8000 元。

2. 存钱很重要。"钱没了，再赚就有了"这话不能全信。钱确实是再赚就能有的，可前提是：你的身体健康、不会出现问题，并且持续拥有旺盛的精力和充足的时间；你赚钱的技能依然管用，并且持续领先于同行。

3. 赚到钱之后，你才有资格说自己视金钱如粪土。

4. 对于已经赚到的钱，你也要有清醒的认知：你从未真正地拥有它们，只是轮到你去使用它们而已。

5. 一夜暴富这种需求，只有骗子才能满足。怕就怕，年轻的时候，某某叫你两句"宝宝"，你就交付了真心；以后老了，某某叫你几句"姐"或者"哥"，你就把社保的钱全拿来买了保健品。

**所以，当你手里有一亿存款的时候，你知道银行的工作人员会怎么对待你吗？**

**他会轻轻地摇醒你。**

## 15. 请警惕你的弱者思维：
　　既然参与了竞争，就不要同情弱者

Q：为什么上天没有惩罚所有的坏人？

· 1 ·

是设计，就比设计的效果，你不能因为他的家里穷，就任由一个糟糕的方案通过。

是销售，就比业绩，你不能因为他的性格内向，就给他与业绩不符的待遇。

是程序员，就比代码，你不能因为他的身体不适合熬夜，就把一个到处是漏洞的程序交给客户。

是做装修的，就比手艺和质量，你不能因为他装修辛苦，就允许他把别人的新房子装得一团糟。

是摆水果摊的，就比水果是否新鲜或者便宜，你不能因为他的年纪大了，就由着他把烂水果掺在好水果里卖。

**既然参与了竞争，就不要同情弱者。**

什么叫"弱者"?

就是遇事习惯性逃避,落后了、失败了就满世界找借口。

就是在任何关系中都习惯性索取,得到了就觉得是自己应得的,得不到就怨天尤人。

就是总想靠别人来解决问题,不相信自己能行或者不愿意自己搞定。

就是见不得别人好,对不如自己的人大肆炫耀,对比自己优秀的人阴阳怪气。

就是死爱面子,不敢表露真实想法,不敢拒绝无理要求,不敢维护合理权益。

就是受不了别人的批评和拒绝,过度地期待他人的认同和夸奖。

就是习惯性撒谎,对谁都不真诚,说什么都遮遮掩掩。

就是总喜欢和别人比较,赢了就得意,输了就自卑。

就是认为别人的人生都是一帆风顺的,只有自己的成长是困难重重的。

就是总认为自己是世界上唯一的受害者,然后将自己的悲催归咎于他人,归咎于环境,归咎于命运。

就是只发牢骚,没有行动;只有热情,没有坚持。

就是容易情绪化,易燃、易爆、易受潮……


以"弱者"自居,也许会带来一些免费的好处,比如得到帮助、得到关心、引起关注等,但如果你的潜意识将"弱"当成了资本,认定了"我弱我有理",那么麻烦和霉运就会如影随形。

你会真的越来越弱,越来越浮躁,越来越喜欢抱怨,活得就像是一块行走在人间的"霉运磁铁"。

·2·

有个年轻人,上班总迟到,老板扣了他的工资,他就跑去哭诉:"我家里穷,租的房子离公司太远了,难免会迟到。"

老板没有同情他,而是当众说道:"租房远不是迟到的理由,穷也不是,懒才是。"

他不思悔改,反倒到处说老板的坏话:"看起来斯斯文文的,背地里就知道想方设法地剥削我这种穷人!"

有个家长,为了给不上进的儿子买一套婚房,就四处借钱,被有钱的亲戚拒绝了,就到处数落:"他都那么有钱了,房子三四套,年年出国旅游,怎么就不能借我 10 万元?"

甚至还愤怒地诅咒别人:"一家人都坏透了,早晚要倒大霉!等着瞧吧!"

有个职场新手,因为被举报"搬运"他人的设计稿,就满世界哭诉:"那些大神怎么就不能有点同情心呢?他们有那么多的设计作品,已经有了那么高的成就和收入,我借鉴一下怎么了,他们是不知道像我这样没资源、没团队、没学历的人生存有多艰难。"

末了还不忘感谢一下所谓的"粉丝":"谢谢你们能够体谅我,你们是世界上最善良的人。"

有个"键盘侠",平日里总喜欢造谣明星,整天乱传八卦,结果被明星告上了法庭，于是哭哭啼啼地说："当大明星就这么小心眼吗？还不让人八卦了吗？就这么欺负我们这样的小老百姓吗？"

等判决生效、需要他承担责任的时候，他又跑到明星的微博下面跪求人家："5万块钱对你是小事，对我可是天大的事。你这样的大明星就不要欺负我这样的小透明了吧。"

有个70多岁的老人，因为闯红灯被撞了，子女拦着司机要求赔偿："你至少要赔偿10万元，知不知道什么叫礼让行人呀？"

等交警察看完全过程之后，判定是老人负全责，于是子女们大喊大叫起来："老年人是弱势群体，怎么能承担全部责任呢？"

这些都是典型的"弱者思维"，他们坚持的逻辑是："我弱我有理，你强你就得让着我。"

他们无视别人的努力、投入、成本，只盯着别人已经取得的好成绩、已经获得的好资源、已经拥有的好生活，就偏执地认为：既然你过得比我好，那我找你借钱，你就要借给我；我造你的谣，你就得听着；我干活少，你也应该多给我钱；我碰瓷了，你就得赔偿我；我抄了你的作品，你就要让着我；我中伤你，你就要忍着……

但凡你拒绝了、解释了、诉诸法律了，那你就是没人性，就是欺负人。

这样的人总是以自我为中心，从来不会觉得自己的逻辑和态度有问题。谁跟他们讲道理，他们就瞬间切换成"泼妇模式"或者"比惨模式"，继续无视人际交往的规则，无视规章制度，甚至是无视法律法规。

从这个角度来说，真正的弱者其实是不愿意卖惨的人。

因为不愿意卖惨，所以你既做不到像他们那样撒泼打滚，也不屑于像他们那样自私自利，这就很容易被他们的卖惨行为绑架，所以，占便宜的总是那群卖惨的人，不卖惨的人则沦为了"比惨竞赛"的牺牲品，同时牺牲的还有社会的公序良俗。

但我想提醒大家的是，规则的存在很大程度上是为了保护弱者，如果弱者带头破坏规则，那他们只会输得更惨。

没有了规则的约束，弱者只会更弱，在弱肉强食的环境中，等待弱者的，只会是灭亡。

我总是本能地反感"同情弱者"，原因有 3 个：

1. 当我是弱者的时候，我发现别人的同情毫无意义。该我敲的文字我得继续熬夜敲完，该我改的文案也得由我绞尽脑汁去完善，该我受的苦和累也得由我自己扛。

2. 很多所谓的"弱者"，他们想要的不是方法，更像是点石成金的魔法。将他们的需求翻译成大白话就是，"你就告诉我该怎么做，我直接照你说的做，然后我就能把事情做好，就能赚到大钱"。这怎么可能？

3. 同情弱者是变相地对强者不公平。如果弱者嚷嚷几句"因为我是弱者"就能获取和强者一样的机会、一样的资源、一样的待遇，那么强者如此辛苦地从弱变强是图什么呢？

**想对喜欢卖惨的人说：不是弱就有理，不是弱就该得到优待，弱只是你的注解，不是你用来要挟这个世界的工具。**

也想对不喜欢卖惨的人说：被攻击的时候你有"睚眦必报"的权利，被占便宜的时候你有"斤斤计较"的权利。不要把忍受坏人当成"好脾气"，不要把忍受小人当成"有素质"。

需要解释的是，我提倡"不要随便同情弱者"不等于我"反对帮助别人"，而是想提醒你，要将帮助别人限定在自己的能力范围和精力范围之内，而不是带着"他好可怜"的俯视姿态，也不是带着"我必须帮他脱离苦海"的使命感。如果你的羽翼尚未丰满，同情他人只会把你拖下水。

·3·

一个"00后"在直播间卖锅的视频曾经火遍了全网。她在直播的过程中非常卖力，但观看人数寥寥无几，突然有人问她："你总这么举着锅，会不会累啊？"

她的回答非常扎心："这个锅是不会累的。"

说完就开始哽咽起来，但依然还在卖锅，她说："因为它有一个6层的加厚，聚能环的材质，而且它不挑灶具……"

她让我想到了一个词——"作业感"。

人生需要"作业感"，尤其是在职场，要像学生写作业那样，心情好要写，心情不好也要写；志得意满时要写，垂头丧气时也要写，有时候还要边哭边写。

不要把自己的软弱公之于众，不要将自己的狼狈逢人就说，不要试图让别人同情、怜悯、理解你。

**整天把自己不好的地方挂在嘴边，真的会让你变得不幸。**

弱者和强者的区别是什么？

面对不幸和失败时，弱者认为有人要对自己负责，强者则是自己对自己负责。

面对想要的东西时，弱者总是希望轻松拥有，最好是不用任何成本，强者则明白任何好东西都是有价格的，所以总是想着拿自己有的去交换。

面对批评和指责时，弱者常记恨，觉得别人的批评是无中生有，是鸡蛋里挑骨头，强者则很感激，认为别人的批评是忠言逆耳，有则改之，无则加勉。

面对委屈和误解时，弱者喜欢卖力解释，强者则用实力证明。

面对比自己混得好的人时，弱者会烦躁，会沮丧，会觉得"凭什么是他啊？"；而强者会分析，会思考"如果他可以，那么我应该也可以"。

面对新鲜事物时，弱者会担心新事物对自己造成伤害或者麻烦，会不自觉地贬低新事物。而强者会好奇"这到底是什么，这里面有没有机遇"，会思考"我该怎么搞明白，我该怎么利用这个东西"。

面对麻烦时，弱者喜欢抱怨，先放纵情绪；强者喜欢挑战，先解决问题。

面对人际交往时，弱者恨不得让所有人都知道自己厉害，而强者对谁都很客气。这就好比说，有钱的人生怕别人知道他有钱，而没钱的人生怕别人知道他没钱。

面对巨大的目标时，弱者总是觉得积累"还不够"，时机"还未到"，方法"还需研究"，可到底要满足什么样的条件？他自己也不清楚。

而强者会把"目标"和"资源"之间的逻辑关系倒转过来，没人可以请，没钱可以借，不懂可以学，限制可以规避，对手可以交易。总之一句话：实在不行，就再想想办法。

**世间事大抵如此：专注于机会，你就会找到机会；专注于障碍，你也会找到障碍。**

·4·

怕就怕，你深陷在"弱者思维"里不可自拔：

"因为我是弱者，所以我理应被另眼相待；所以我只需索取，无须付出；所以我可以理直气壮地贪图小利，破坏规则……"

"因为我不懂，所以是你说错了；因为我没见过，所以是你在撒谎；因为我不怕你，所以是你怕我；因为我有勇气，所以我比你厉害。"

基于这种逻辑，什么都没做的人会好意思去笑话做得不够好的人，不必对结果负责的人总喜欢指点身在其中的人，什么贡献也没有的人敢去鄙视劳苦功高的人。

那么，身为普通人，我们该怎么纠正自己的"弱者思维"呢？

尝试用"领导的视角"。

遇到问题了，你不要习惯性地推脱说"这不是我的错"，领导并不在乎是谁的错，他关心的是这个问题怎样解决。

不要假装淡泊名利。

想要什么就去争取。只有两种人才有资格"淡泊名利"，一是不缺名、不缺利的人，二是什么都没做、什么都没有的人。

不要道德绑架别人，也不要道德绑架自己。

老板的道德底线是赚到钱，然后按时、足额给员工发工资；员工的道德底线是把工作做好，别总出幺蛾子。至于老板有没有捐款，员工有没有调岗，不劳你瞎操心。

减少比较。

人的贪婪是没有尽头的，有了房子想要大房子，有了车想要好车，明明口渴了只需要一杯水，但想要得到的却是一片海。结果是，越忙越累，越累越无趣。

他赚得多就多呗，她家孩子优秀就优秀呗，他家房子大就大呗。如果有人偏要拉着你比较，欢迎你频繁使用"关我什么事"和"关你什么事"。

学会"我本位"。

"比你有本事的人多了，就算你再拼命也不会是你的""枪打出头鸟，你就别瞎折腾了""我们普通人，怎么和别人争"，类似的话，你一旦信了，别人嘴里的"你不行"，就很可能变成你心里的"我不行"。

"我本位"强调的是,一件事情是好是坏,它将如何发展,不取决于别人怎么说、怎么看,只取决于我怎么想、怎么看。我觉得行就行,我觉得好就好,即便结果不好,我认。

遵循"付费思维",忘掉"人脉"二字。

不要动不动就伸手要,不要什么东西都想着"白嫖"。职位、身份越高的人,帮你所需的成本就越大。表面上他是一句话的事,但背后他需要等价去交换人情。

拓展见识,努力赚钱。

你的脑子里有能识破套路的认知,你的账户里有能解决问题的余额,那么你的嘴里自然会有硬气的谈吐。

更新"对错观":谁的损失大,就是谁的错。

比如,有同事说你的坏话,如果你跟人较劲或者生闷气,那么这就是你的错。因为别人只是说了几句话,而你需要花费一整天的好心情、需要绞尽脑汁地思考、分析,太亏了。

**一个人骂了你两句,如果你记恨了一年,那就相当于他骂了你一年;一个人伤害了你,如果你耿耿于怀,那就相当于他一直在伤害你。**

# PART 4
## 第四部分

## 为什么说永远不要考验人性？

　　为了控制鼠疫，某地曾颁布法令：当地居民每交出一只死老鼠，相关部门就给他发钱。结果是，有人去养殖老鼠。

　　为了凑齐在某海域发现的古老卷轴，考古学家发布悬赏：每发现一片，大大有赏。结果是，有人故意把捡到的卷轴撕碎。

　　为了征集恐龙化石，某考古团队发布公告：上交化石者，重金奖赏。结果是，有人将完整的化石敲碎以获得更多的赏金。

## 16. 东西不属于你的时候最上头：
   你因为欲望而在世上受的苦，不要算在命运的头上

Q：为什么科技水平大大提高了，人们却没有活得更轻松？

· 1 ·

先说一个残酷的现象：但凡你看得上的，往往都配不上。

但凡你看到一个职位，从薪金福利、发展前景、工作地点到工作内容都让你 100% 满意，那么这个公司 100% 看不上你。

但凡你看上了一套房子，从面积、装修、物业、地理位置到周边配套都让你 100% 满意，那么这套房子你 100% 买不起。

但凡你看到一个对象，从长相、收入、家庭到学历都让你 100% 满意，那么这个人 100% 看不上你。

再说一个丑陋的人性：得不到的时候什么都可以不介意，得到之后什么都有点介意。

比如体验，好吃的东西，你吃过一次，它就没那么好吃了；好玩的东西，你玩过一次，它就不太好玩了；羡慕的本事，你学会了，它就没什么大不了的。

比如感情，开始的时候，你只要看到对方就会开心，后来必须要对方陪着你才会开心，再后来必须讨好你才会开心，最后就算对方变成奴才也无法让你开心了。

比如财富，当你挣到第一个 10 万元的时候，你可能会觉得很快乐；但是，当你挣到第一个 30 万元的时候，你会觉得赚得好少，买不起什么好车；当你挣到第一个 50 万元的时候，你会嫌弃自己穷，因为连房子的首付都付不起。

为什么我们感受不到儿时的快乐了？

一个很重要的原因是：委屈也长大了。

**为什么科技水平大大提高了，我们却没有活得更轻松呢？**

**因为科技只管吃穿住行，管不了贪嗔痴妒。**

·2·

你是不是也有类似的感受：

你曾经很期待一件事，或者你很想要一样东西，或者你很喜欢一个人，比如买新款的电子产品、考进全校前三、攒够 5 万块钱、买新房或者换新车、毕业、找到好工作、和喜欢的人恋爱、结婚……

但是，一旦你真正拥有了，你会发现自己并没有想象中那么快乐。

你甚至会觉得，自己付出的代价比想象中大，得到的好处却比想象中小。

然后你就会质疑自己的决定："我是不是脑子坏了，费这么大力气竟然追求到的只是这么个玩意儿。""我之前人生的十几二十年,辛苦追求的,到底是真实存在的,还是海市蜃楼?"

就像是,你玩一个游戏玩了很久,玩的时候双眼放光,可一旦游戏通关,你就觉得"好无聊啊,浪费了我那么多的时间"。

不管是买游戏机、买跑步机、买拼图,还是种花养鱼,又或者是学乐器、玩户外,放弃、闲置、荒废仿佛成了你做每一件事、买每一样东西的必然结果。

更糟糕的是,你知道这样不好,但你就是改不了。以至于到后来,不论做什么,你都不用等别人来泼冷水,你自己都知道自己是什么德行。

为什么我们在拥有之前会认为"我拥有了,就会快乐"?

因为在实现目标之前,你拥有的包括但不限于:明确的目标、明确的奖励、明确的步骤、明确的任务进度表,你会变得有耐心,有期盼,有动力;你的想象力一直停在你想要的奖励上,以至于无视了过程中的诸多艰难和辛苦……这些"想象出来的好处"会让你兴奋,让你满怀期待,让你精力充沛,让你拥有充分的获得感,可一旦目标完成,这些好处也跟着消失了。

**用一句话总结就是:东西不属于你的时候最上头。**

类似的情况还有:满怀希望的旅途比到达目的地更快乐,追求异性的过程比在一起之后更快乐。

为什么我们在如愿以偿之后,并没有很开心呢?

因为人不会出于某个结果而一直快乐,就好比说,再也没有人会因为能够在夜里拥有亮如白昼的灯光而欢欣雀跃了。

《贪婪的多巴胺》一书解释了这种现象："多巴胺激发了人们的想象力，创造了美好的未来图景。"

多巴胺就像一位推销员，告诉我们买了这个东西会如何快乐，追求那个结果会如何美妙。可是，一旦你期待的事情变成了现实，你想要的东西被你收入囊中，你喜欢的人被你拥入怀中，那些兴奋的、激动的感觉就都消失了，因为多巴胺停止了工作。

于是，你会开始迷茫于"明天该做什么呢""别人拥有的是不是比我这个更好呀"。

· 3 ·

一个人最大的不幸就是被不可抗拒的诱惑裹挟，不被要求积极向上，而是被鼓励顺着欲望往下滑。

等到后知后觉地发现"这种堕落带来的快乐只是一种虚幻"时，很多事情都为时已晚，因为青春、野心、热情都在堕落的过程中消耗殆尽了。

人是怎么沦落为欲望的奴隶的？

1. 忍不住眼前的小诱惑。

该睡觉的时候说"再刷 5 分钟"，该工作的时候说"再玩一会儿手机"，该减肥的时候说"再吃一小碗"，活得就像赌徒一样，赢了还想继续赢，输了总想翻盘。

2. 用"下决心"的方式来减轻罪恶感。

有时候只是有了一个"做好事"的念头，比如晚上要跑 5 公里，你就会允许自己放纵一下，包括但不限于多吃一块炸鸡、多抽一根烟、多睡 2 小时的懒觉。

有时候只是下定决心做出改变时，你就已经感觉良好了，从而在行动上懈怠，进而陷入"下决心—自我感觉良好—行动上偷懒—放弃目标—重新下决心"的死循环。

3. 躺不平又卷不赢。

月薪 2000 元时，你看别人月薪 5000 元，也想着要 5000 元，等赚到了 5000 元时，又看见别人早就月薪过万了，甚至是 5 万元。本来达成既定目标是一件值得开心的事，结果你却越来越不爽。

当你是一个游戏新手时，打的都是小怪，你以为升级武器装备，就能轻松地收拾这帮小怪。可真实的情况是，你升级装备之后，要打的敌人也升级了。结果是，变好没有让你变轻松，游戏反倒是越来越难打。

**残酷的现实就是这样：一个孩子补课是提高分数，所有孩子补课就变成提高分数线了。**

4. 被持续刺激而上瘾。

手机里装了太多的应用，它们刺激你想要更多、更好、更刺激的东西，包括但不限于购物软件、游戏软件、短视频软件、社交软件。

更惨的是，无论你看到了什么，这些靠大数据运转的软件，都能成功地让你看了这个还想看下一个，过了这关还想玩下一关。

5. 精神上的匮乏感。

上一代人是物质匮乏，所以喜欢囤积；现代人是精神匮乏，所以总想占有。

尤其是当身边的人都认为拥有那些东西是对的，你虽不情愿，甚至不理解，但你还是会向他们看齐，包括但不限于拼命地去争取或者不假思索地花钱。

懒散、拖延、内卷、成瘾、精神饥荒，五者结合，人生必废。

·4·

那么，我们该如何跟欲望和平共处呢？我总结了 9 个小建议：

1. "进一物就出一物"。

你的衣柜里有一半以上的衣服是不穿的，你的朋友圈里有 80% 的人是不联系的，你的书架上有一大半的书是不读的，这就是囤积的恶果。所以尽量不要保留超过一年不用的物品，只留下真正让自己觉得舒服、用得着的那部分物品，只关注真正能让自己变快乐、变优秀的那部分物品。

这种理念带来的不只是"不囤积"，还会让你更清楚"我最喜欢什么"和"什么最适合我"。

2. 记住自己"在任何情况下都是有选择权的"。

你可以像别人一样,这也想要,那也想要;你也可以选择跳出这个内卷的游戏。

面对疯狂涌进我们大脑的信息风暴,你除了不假思索地"接受"或者"消费",也可以选择把手机放在另外一个房间,安安静静地坐一会儿或者散散步,就像是把大脑关机那样。

3. 在所有你拥有的东西后面加上"可以了"。

比如,我现在拥有一份工作,可以了;我的身体很健康,可以了;我的父母都很爱我,可以了。这不是鼓励你去做一个不思进取的人,而是让你把注意力拉回到自己身上。

人只有活在一个自我接纳、自我认可的世界里,才有继续前行的动力。一味地盯着自己没有的东西,反而会让人意志消沉。

4. 设定"长期目标",以此征服"短期欲望"。

"钱够花"是短期欲望,"在自己热爱的专业领域执着探索"是长期目标;
"娶美女"是短期欲望,"经营一段感情或者组建一个家庭"是长期目标;
"买名车豪宅"是短期欲望,"在某个领域做出一番成就"是长期目标。

很多人自律,不是说无欲无求。相反,他们非常"贪婪",所以能够调动更大的目标来征服眼前的小欲望。

5. 适当减少外界的"勾引"。

欲望这东西很多时候是被外界因素勾起来的,比如看到别人好看的脸,看到别人过得好，看到别人家孩子懂事乖巧……如果没有外界的"勾引"，你的贪欲会降低很多。

但需要强调的是，不是让你拒绝接触外界，过上"田园牧歌"的简朴生活。短视频也好，各类软件也罢，都有其好处，也有其弊端，我们要学习如何去扬长避短。

就好比说，20 世纪 60 年代的人要拒绝吃吃喝喝，70 年代的人要抵抗街机和扑克；80 年代的人要面对网吧和网游……每一代人都有属于他们的诱惑和堕落。是沦为欲望的奴隶，还是利用新技术成就自我，能给出答案的只有你自己。

6. 活得更真实。

最辛苦的活法是，你不允许自己活在真实的年纪和身份里。

20 岁的时候想直接拥有 30 岁的人所拥有的谈吐和地位，30 岁的时候又想直接拥有 50 岁的人所拥有的阅历和财富，一旦发现自己没办法拥有，就觉得自己很失败。

从小镇出来的人羡慕自小在大城市里长大的人所拥有的见识和出身，普普通通的少男少女妒忌富家子弟的潇洒和肆意，他们意识到自己根本没办法像别人那样活着，就感到很颓废。

7. 好好赚钱，好好存钱。

这年头，诱惑你花钱的地方太多了，而劝你存钱的人太少了。成年人的崩溃是从缺钱开始的，老年人的心碎是从伸手要钱开始的。

8. 认清自己能力的边界。

社交有边界，能力也有边界，要弄清楚什么是"自己能力范围之内的"，要弄明白什么是"喜欢的"和"能做的"，以及什么是"虽然喜欢，但不能做的"和"虽然可以，但不应该做的"。

就好比说，老鹰可以吃到兔子，鲨鱼却吃不到，但鲨鱼不应该嫉妒老鹰，而是应该努力去捕捉更多的鱼。

9. 真诚地面对自己的欲望。

喜欢就说喜欢，想要就去争取，羡慕就承认羡慕，暂时不行就继续努力，拥有了就好好珍惜。

不要对想要的东西说"我不喜欢"，不要对想留住的人说"我不在乎"。

**欲望不是我们的敌人，虚伪才是。**

· 5 ·

欲望不是"坏蛋"，而是非常有力量的东西。

你可以利用自己对知识的欲望，不断提升自己的知识水平；利用自己对财富的欲望，不断追寻正当的高额收入；利用自己对生存的欲望，强身健体、修身养性。

所以，我不喜欢有人在我想要什么的时候劝我知足常乐。

如果是不太熟的人，我会满脸堆笑地说："谢谢你的提醒。"

但如果是跟我关系不错的人，我会很坦诚地告诉他："我享受马不停蹄的紧张，也享受玩物丧志的松弛。"

我的意思是，漂亮的人生从来都不是命运的安排，长久的幸福也从来不会从天而降，而是需要我们自己去争取。

如果你还有不甘心，就不该轻易地说"知足"。

"知足"是一个很玄的词，你觉得不够，就永远没有够的时候；你觉得够了，随时就够了。

反正我还是希望正值青春的你能"贪心一点"。要机会，要钱，要爱，要美食和阅历，要理解和尊重，要朋友和敌人，要星辰和大海，要物质世界和精神世界的双重丰盈，而不是年纪轻轻就清心寡欲。

**如果没有欲望，我们今天也许还在和大猩猩一块"喔喔喔"，然后搬石头砸坚果吃呢。**

少吃欲望之苦的上策是：在你不用考试的时候阅读，在你不缺钱的时候投资，在你没生病的时候注重健康，在你不觉得孤独的时候培养友谊，在你一个人就可以很快乐的时候谈情说爱。

· 6 ·

我们在成长的过程中要设定三大目标：一是从父母那里拿回人生的主权；二是从横流的物欲中夺回自己的大脑；三是从盲目的情感里找到自己。

不要把自己的过错都算在命运的身上，你内心的欲望才是"主犯"。
不贪图什么，别人就没法引诱你；不憎恨什么，别人就没法打击你；不痴迷什么，别人就没法欺骗你。

是卖保健品的虚假宣传让你上当受骗的吗？不是的。
你没那么好骗，骗你的是你内心对"疾病"和"死亡"的恐惧，对"提高智商"或者"延年益寿"的渴望，商家们对此研究颇深，所以拿捏了你的痛点和痒点，让你轻易就范。

是别人的冷漠和绝情伤害到你了吗？不是的。
真正伤害你的是你自己对一段关系的贪心，你强迫对方收下你的好，又想要对方给出对等的回报。对方冷漠，你就难过；对方稍微礼貌一下，你又觉得他是喜欢你的。

是因为别人擅长讨喜、比你好看，所以你才被淘汰的吗？不是的。
真正把你比下去的，是你长期把自己锁在愤愤不平却又无动于衷的情绪里，想要出人头地却在实力上长进甚微。

是消费主义的陷阱让你变得不快乐吗？不是的。

让你不快乐的，是你不知道自己想要什么。所以，金钱才会变成衡量生命价值的唯一尺度，婚姻才会变成人生这场游戏的必经关卡。

让人生变得麻木、乏味、有气无力的真正原因，根本就不是命运的刁难，而是你的痴心妄想、你的懒惰成性、你的心有不甘、你的左右为难、你的朝三暮四。

假如有一天，警察真的抓到了那个把你的生活搞得一团糟的罪魁祸首，你掀开他脑袋上的黑色头套，看到的很可能是你自己的脸。

**哪有什么命运，不过是人们为自己的无能为力编造出一个强大的敌人而已，好为自己曾经的痴心妄想、瞻前顾后、盲目较劲和轻言放弃找一个心安理得的借口。**

## 17. 小心人性：
### 了解了人性，你就不会轻易说人间不值得

Q：为什么说永远不要考验人性？

·1·

几年前，我听过一个医生讲的故事，时至今日依然还能记得个大概。

故事说的是在一家公司发生的意外事故中，有个男人受伤严重，被送到医院抢救。

公司的老板和受伤男人的妻子先后赶到，他们焦急万分，并再三拜托医生："请不惜一切代价抢救他，不用担心钱的问题。"

医生跟二位保证会尽全力，同时也告知了男人的情况："救治成功的概率是有的，失败的概率也是有的。抢救过来了，后续的治疗会很漫长，而且花费不菲。"

二位依然坚定地要求全力救治，毕竟这个男人跟随这个老板已经二十多年了，娶这个妻子也已经十多年了。

但随着救治的持续，面对不断攀升的费用和并不明显的救治效果，老板

和妻子开始动摇了：

对老板来说，职员死了是最经济的结果，因为老板可以直接把后期救治的费用全都赔给男人的家属，然后这个事情就结束了。

而对妻子来说，男人死了也是最轻松的结果，因为妻子既可以留下一大笔赔偿款，又不用搭上自己的后半辈子去照顾一个残疾的亲人。

但二位不能直接说"不救了"，只好不停地找碴。比如，当医院通知缴费的时候，老板就开始咒骂医生"真是没人性的家伙，就知道要钱"，甚至还讲出"你们医生守着病人不放弃，不就是为了多挣钱吗"这种丧尽天良的话。

男人的妻子也不劝阻，每当医生望向她的时候，她就伸手去抹一下那根本就不存在的眼泪。

医生心知肚明，这二位之所以这么做，无非是等医生的一句话："救治希望渺茫，建议放弃治疗。"

但医生偏不，他吞下了委屈，扛住了压力，最终将受伤的男人从鬼门关救回来了。

在宣布脱离危险之后，老板又变成了情深义重的好老板，男人的妻子又变成了相濡以沫的好妻子。

**利益是一面镜子，人性会被照得一清二楚。**

表面上的情深义重或者背地里的无情无义，其实都是有迹可循的，那就是"利益"。

当你把人做事的动机剖析得足够深入，你就会发现，没有谁是完全为了别人的。

为了控制鼠疫，某地曾颁布法令：当地居民每交出一只死老鼠，相关部门就给他发钱。结果是，有人去养殖老鼠。

为了凑齐在某海域发现的古老卷轴，考古学家发布悬赏：每发现一片，大大有赏。结果是，有人故意把捡到的卷轴撕碎。

为了征集恐龙化石，某考古团队发布公告：上交化石者，重金奖赏。结果是，有人将完整的化石敲碎以获得更多的赏金。

如果你想搞清楚一个人"为什么会那么想、那么说、那么做"，你就站在他的位置，看看他会因此得到什么好处。

就好比说，孩子之所以"得不到就哭"，是因为以前"哭了就能得到"；大人之所以"得不到也不哭"，是因为经历过"哭了也没什么用"。

**人性的丑陋之处就在于：能占便宜就占便宜，能钻空子就钻空子，能走后门就走后门。**

·2·

张居正讲过一个"大官怕小吏"的故事。在他所处的时代，打完仗的军官是论功行赏，标准取决于军官拿回的敌人首级的数量。而核验数量的是兵部的小吏，由他们写报告，然后上报朝廷。

有些军官为了快速高升，会对数据造假，通俗来说就是：他宣称斩首多少敌人，但实际人数不足，于是就去砍老百姓的脑袋凑数。

如果没人较真，这些脑袋就是战功。如果有人较真，这些脑袋就是罪证。而会不会"被较真"就看兵部的小吏了。

换言之，军官是快速高升，还是锒铛入狱，做决定的权力竟然落在了那些小吏手上。

有个小吏故意把一份报告上的"一"字擦去，再重新写上"一"字，然后说："这份报告字迹有涂改，按规定必须严查。"

军官一听要严查，马上拿银两来贿赂小吏，小吏拿到了足够的贿赂，就补充了几句："字虽然有涂改，但经过仔细查验，发现原来的字也是'一'字，并无作弊。"

张居正总结：大官怕小吏，还要去贿赂小吏，并不是指望从他们手里捞到什么好处，而是怕他们祸害自己。

这种事情古代有，现代也很多见。

在某个工地上，负责给人打菜的师傅拿着大勺往每个工人的碗里装饭菜，有个工人举着碗等了好半天，可打菜的师傅动都不动，冷漠地盯着工人。

工人问他："怎么了？"

他不耐烦地说："往前点，往前点，把碗往前点，不想吃就滚蛋。"

再比如说，小区的保安因为你没有对他"表示表示"，就拦着帮你搬家的货车进小区。

银行的职员因为你催了他几句，就对你的业务拖拖拉拉的。

部门的小领导因为看你不顺眼，就对你的方案痛下杀手。

团队的小组长因为你没有把广告转发到朋友圈，就对你百般刁难。

像打菜的师傅、小区的保安、团队的小组长这类人，他们的生活也许并不算好，他们的人生也许并不顺利，但他们没有同理心，而是把自己在别处受的委屈，释放在那些无法反抗他们的人身上。

这些人拿着鸡毛当令箭，用手里微小的权力故意折腾他人，并从中获得变态的快感和可怜的存在感。

就像是放火烧掉别人的房子，只为了烤一只火鸡。

**人性的丑陋之处就在于：在最小的权力范围内，最大限度地为难别人。**

当然了，你也不用急着抨击这些手握权力的人，不如想一想：如果自己有了权力，能不能做到公平正义和平易近人？

· 3 ·

谈到人性时，查理·芒格是这样说的："我不会因为人性而感到意外，也不会花太多时间去感受背叛。我总是低下头调整自己去适应这类事情，我不喜欢成为受害者的感觉。我不是人性的受害者，我是幸存者。"

人性实在是太复杂了。

比如说，天天跟你嚷嚷"不想干了"的人，你都走了，他还在。

以前经常帮忙的某某，你前脚失势，他后脚就对你爱搭不理了。

发消息找某某帮忙，他一天都没时间回复你，可一旦你宣布事情解决了，他马上就跟你说"才看到微信"。

又比如说，某某打着开玩笑的旗号伤害你，你忍了。可当你用同样的方式对他时，他却很生气。

某某向你咨询某事，你站在自己的角度发表了个人看法，但如果他最终的体验不好，就会怪罪到你的头上。

某某再三向你保证："实话实说，我就喜欢听真话"——如果你真的说了，他的脸色马上就变了。

再比如说，关系很好的朋友，在同一条街做相同的生意后，关系慢慢就淡了。

在外混得好的人，家乡的村子里和他们的父母聊家常的人竟然越来越多了。

吃土的时候，没有人会问你苦不苦；但你吃肉的时候，就有人来问你香不香了。

更让人莫名其妙的是，有时候你什么都没做，仅仅是你的存在本身，对某某而言可能就是一种伤害。

人性的真相到底是什么？

是自私。即便是犯了相同的错误，人在指责别人的时候，通常是不包含他自己的。只要得到了自己想要的东西，就会觉得一切都好。

是善变。用你的时候有多热情，不用你的时候就有多冷淡；你混得好的时候对你有多客气，你混得不好的时候对你就有多嫌弃。

是欺软怕硬。比不过别人，就心里酸溜溜的，各种怨天尤人；比得过别人，就打心眼里瞧不起，各种看不上别人。

是不懂感恩。常常记不住别人为自己做了什么，但总记得住别人没有为自己做什么，甚至还有一些人，你帮了他七分，他反倒觉得你欠他三分。

是以貌取人。比如你开奔驰时，保安会叫你"老板"；开普通轿车时，保安叫你"帅哥"；开破面包车时，保安会问你："干什么的？"

**希望你早日明白，不是千人千面，而是人人千面！**

·4·

真正的高手都在死磕人性。因为弄懂了人性才会慢慢理解这个世界的复杂，才能慢慢适应成年人的规则。

你就不会对这个世界满是"误解"。

比如，有人说必胜客不好吃，其实可能只是嫌远或者嫌贵。但如果必胜客因此就换口味，那么只会有越来越多的人说它不好吃。

又如，妻子责怪丈夫回家晚，可能是觉得丈夫对她关心不够。但如果丈夫每天早早回到家里躺着玩手机，我相信妻子会更讨厌丈夫。

你就知道"一切都是基于交换的"。

想要什么,你就拿自己拥有的东西去换。暂时没有,暂时不够,你就沉下心去学习、去赚、去攒、去争取,而不是整天要这要那,却始终两手空空。

你就不会再高估人脉的作用,因为你知道,要想和厉害的人成为朋友,自己必须拥有对等的地位或者对方需要的东西。

你就没心思再去研究什么"土克水、水克火、火克金"之类的东西,因为你明白了,如果自己又穷又弱,那什么都克自己。

你就有胆量撕掉"老好人"的标签。

以前的你逢人就帮,被贴了无数的"好人"标签,结果是,别人只会觉得你帮他是理所应当的,只要你拒绝一次,你和他的关系就变得岌岌可危了。现在的你会大方地拒绝,到迫不得已的时候才帮一下,别人反倒会对你感激不尽。

因为你明白了,越是轻易能够得到的东西,就越显得廉价。

你就不会那么迫切地想要和谁交心。

尤其是在职场,你会谨记三个"永远":已婚异性单独约晚餐,永远都没空;同事私下吐槽领导,永远都沉默;领导随意的口头承诺,永远都别当真。

因为你明白了,人心隔肚皮。

你就不会再要求别人无私。

当某人没有做到舍己救人、没有做到慷慨解囊、没有做到助人为乐时,你不会用圣人的标准去谴责他,而是会理解他只是凡夫俗子。

但如果某人用"这又不犯法""那你报警啊"来为自己的龌龊行为辩解，即便你没办法惩罚他，你也不会轻易原谅他。

因为你明白了，道德是最高标准，法律是最低标准。

你就不会有那么多的滔滔不绝和仗义执言。

你不会随便跟人分享你的成功，也不会轻易分享你的坏情绪。因为你明白了，大部分人只是好奇你的生活，并不是真的关心你。

你不会随便指责别人的错误、缺点，也不会随口就揭露残忍的真相。因为你知道，人都喜欢好听的，哪怕你说的是假的。

你不会轻易在公共场合怨天尤人，也不会允许自己在社交平台上哭天抢地。因为你明白了，没有实力的时候不要说话，有实力的时候不需要说话。

你就会明白，其实大家讨厌的并非"不公"，而是"为什么我没在那个有利的位置上"；大家想争取的也不是公平，而是"怎么让自己占到便宜"。

你就会看懂，很多人并不是真的信奉自由或者平等，他们内心的真实想法是："从我往上，人人平等；从我往下，阶级分明。"

就像开车的人最讨厌两种人：一种是加塞的；另一种是不让他加塞的。

就像喜欢骂人的人会认为：我骂的人都是罪有应得的；但骂我的人肯定是没素质的。

**人性的丑陋之处就在于**：总是试图建立规则让别人来遵守，自己又想成为例外，不受规则约束。

· 5 ·

对人性缺乏了解，你就会变成传说中的"性情中人"。你就容易犯两个常见的错误：

一是因为别人在小事情或者道德上不如你意，你就对别人好感全无，甚至还打算割席分坐；

二是因为别人讲了一句你爱听的话，或者做了一件你觉得高尚的事，你就将别人视为知己，甚至想要掏心掏肺。

你就可能招来两样"不好的东西"：

一是莫名其妙的"恶意"——你不知道那个邻居为什么会突然讨厌自己，你不理解那个工作人员为什么会突然为难自己，你也搞不懂那个同事为什么会害自己。

二是油然而生的"悲观"——你会被人性的丑陋吓一大跳，你会因为人性的贪婪而对人类这个物种感到失望，你还会因为人心的善变而怀疑人间值不值得。

那么我们该如何应对复杂的人性呢？

第一，永远不要高估人性。

假设你有 10 个朋友，如果你认定了这 10 个朋友都是好人，你就会对他们有很高的期待。如果有一个人出卖了你，或者作奸犯科了，你就会很痛苦。

但如果你认定这 10 个朋友都不完美，你就不会对他们有太高的期待和苛刻的道德要求。但如果有一个人突然对你很好，突然当了一次"圣人"，你就会像中奖了一样高兴。

把这段话里的"朋友"换成生活中的小事、周围的人、阶段性的目标，同样适用。

第二，你可以讨厌两面三刀的人，但不要与其发生冲突。因为比阴险，你比不过人家。

老人们早就讲过，"宁得罪君子，不得罪小人"。因为你不知道，你无意中说错了一句话，会被小人记恨到猴年马月；你也不知道，自己千辛万苦付出的努力，会不会因为小人从中作梗而颗粒无收。

第三，不勉强。

生而为人，我们要对自身的人性弱点不断反思，不能把"别人都那样"作为"我也可以那样"的理由。

与此同时，我们也要对他人的人性弱点给予包容，不能把"鼓励每个人去做的事情"变成"对每个人的要求"。

第四，练习真诚。

真诚并不意味着你一定要指出别人的错误、纠正别人的缺点、拆穿别人的虚伪，但意味着一定不去恭维别人的错误、不去利用别人的缺点、不去鼓励别人的虚伪。

真正成熟的态度是,既要小心提防人性的假恶丑,又要用心发现人类的真善美;既要用悲观的眼光观察人群,又要以乐观的态度参与其中;既对世俗投以白眼,又能与之同流合污。

## 18. 当心异性：
### 学历可以过滤学渣，但过滤不了人渣

Q：恋爱或者结婚了，还能有异性朋友吗？

·1·

有个姑娘私信我说："我差点被我的学长强奸了。"
我被那两个刺眼的字惊到了，但看到"差点"的时候稍微松了一口气。

事情大致是这样的：她跟这个学长已经认识五年多了，大学的时候，学长带她进各类社团，教她论文投稿，毕业后，学长又帮她介绍工作，帮她搬家……他们平时也经常聚餐，算是无话不说的朋友。
她强调了好几遍，说学长的人品很好，所以她一直很庆幸自己能结识这样的人。

上个月，因为工作上一连串的失误，她被老板当众吼了一个半小时，哭得稀里哗啦的她跑到城市的另一边去找学长谈心。
学长很有耐心，帮她分析原因，分享了几款软件以及工作上的技巧，还

带她去吃了大餐，之后两个人还一起讨论了未来的职业规划……

他们聊得太开心了，以至于忘记了夜色已深。学长说她一个姑娘这么远回去不安全，就提议去他家住一晚。基于多年的信任，她同意了。

就在那个晚上，在学长家里，学长突然扑向她，好在被她用剧烈的反抗和满格的音量阻止了。

学长跪在地上不停道歉，说他只是一时冲动，希望能够得到原谅，而她抱着衣服，落荒而逃。

她说："在我看来，他是一位值得信任的朋友；可在他看来，我就是一个不设防的笨蛋。"

**我认真地敲了一段话发给了她：不要仅凭很久之前的好印象就无条件地产生信任，也不要仅凭几次不明确的示好就卸下防备，那些对你关怀备至，同时看起来和你的哥哥、爸爸甚至是爷爷年纪相仿的人，也许并没有把你当妹妹、女儿或者孙女看待！**

长期保持暧昧关系，但没有升级为爱情，真实的原因很可能有如下两种。一是，"如果你主动说做我的恋人，我或许会同意，但要我主动去追你，我大概也没有那么大的勇气。也许是因为我怕失去你这个朋友，也许是因为我觉得你做我的恋人还不够格"。

二是，"你可千万不要真的喜欢我，我只是需要你，有时候需要的是你的灵魂，有时候需要的是你的身体，还有的时候需要的是你在工作上能帮到我，在生活中能给我便利，在麻烦出现的时候能替我搞定"。

当一个人对另一个人没有企图时，他就不会有任何"想吸引对方关注"的想法或举动。而一旦有了私心，他就迫切地想要炫耀和独占。

炫耀的东西有：财力、权力、文艺气质、特长、相貌、品德等。

而独占的表现是：介意对方跟其他异性来往，介意对方的关注点不在自己身上，介意对方花在自己身上的时间太少，介意对方有什么事情对自己保密。

所以，当一个异性有意无意地靠近你时，请你一定要保持警惕。因为人性都是得寸进尺的，碰一下你的肩膀，拉一下你的胳膊，触摸一下你的头发，看似不要紧的小动作其实是在试探你的反应。

如果你没有明确地表示"不行"，那么对对方来说就约等于"允许"。

当一个异性不求回报地帮助你，今天请你吃饭、看电影，明天送你礼物，冒雨接你，请你一定要保持清醒。因为人都是有目的的，他看似绅士、大度、慷慨，其实很可能是在等机会。如果你不是诚心想跟对方交往，请尽早停止接收这种"好意"。

毕竟所有看似命运的馈赠，都在暗中标好了价格。

哦，对了。如果你身边总是有很多异性想要撩你，请你不要窃喜，以为自己很有魅力，倒是可以反省一下：到底是哪里做得不够好，才会让那么多人觉得配得上你。

·2·

想起一个 30 多岁的男人给我发的私信，他说他酒后乱性，把一个彼此暧昧了很久的单身女同事给睡了，问我怎么办。

他还时不时懊恼地补一句："酒真不是什么好东西。"

我强忍着反感说："不是酒让你乱性的。即便是喝了酒，人也可以管住自己，反正我是没看过'酒后群殴领导'之类的社会新闻。你所谓的'酒后乱性'，错也不在酒，酒只是背了锅而已，想乱的，一直都是你的心。"

他发了几个捂脸的表情，然后说："我已经躲了她三天了，我实在是不知道怎么办了。"

我回复道："你要负起责任来。你可以表白被拒，但不能一逃了之。既然事情已经发生，而她没有报警抓你，你就要主动去找那个姑娘表明你想负责的态度，而不是试图避开这个话题。逃避的后果极其严重，你会毁了那个姑娘对男人的看法，也会毁了你作为一个男人最起码的担当。"

有个数据非常惊人：在性骚扰案件中，85% 是熟人作案。对于"性教育全靠电视剧"的当代年轻人来说，他们总以为性骚扰距离自己非常遥远。但实际上，它可能离你很近。

对方可能是你的长辈、上司、朋友、邻居，可能发生在开会之后、聚餐之后、谈心之后。因为彼此很熟悉，所以不设防，以至于你忘了"人心隔肚皮"，忘了"防人之心不可无"。

**毕竟，某人心理变态，他不会直接表现出来；某人在脑海里意淫你，他也不会通知你。**

那么，如何预防和应对熟人的性骚扰呢？

首先，你要对性骚扰很敏感。

骚扰不分大小，不是只有触碰到敏感部位甚至发生性行为才算骚扰。所有让你不舒服的表情、轻佻的语言、暗示性的动作、未经允许就触碰你的手或肩、对着衣着整齐的你一顿乱拍照……都是性骚扰。

这个时候，你可以马上走开（如果可以的话），可以大声喝止（如果你敢的话），可以严肃地告知对方"不要碰我，不要拍我，我讨厌这样"（你甚至可以说"我感到恶心"），还可以保留图片、音频、视频、聊天记录等证据，然后向信任的人求助，甚至是报警。

其次，如果你感到不舒服，一定要马上做出反应。

宁可被人说成是"反应过度"，也要争取保护自己。千万不要奢望通过哀求等方法让对方收手。

那些会性骚扰的人，大部分也是怕事的孬包，只会挑"软柿子"捏，一旦你表现出强硬，他们就会孬下来，如果不反抗，他们可能就会得寸进尺。

别害怕反抗，很多人怕撕破脸，怕尴尬，结果让坏人得逞，从轻度的试探，变成了重度的侵犯。

最后，不要被对方的身份所迷惑。

即便是自带光环的人，你也要保持警惕。

他们可能是你的领导或者长辈，可能是你的客户或者恩人，他们事前可能会向你展示权力、社会地位来迷惑你，事后又用他们的手段来威胁你。

这让你感到担心："反抗的话，家里人会怎么看我，同事们会怎么看我，朋友们会怎么看我？""曝光的话，我还能不能继续在这个地方混了？我的工作还保不保得住了？"

我想提醒你的是，任何人的社会地位，都只代表他在某个方面的成就，不代表他在道德上的清白和对异性的尊重。

和可能失去的工作、机会相比，你有更加值得珍视的东西，那就是你自己。更重要的是，你会因此看得起自己。

我不是要你怀疑人性的光辉，也不是要你怀疑友谊的纯洁，我只是想提醒你：要学会避嫌，要学会保护自己。

异性朋友要如何避嫌呢？

就是尽量不要考验友情的纯洁，包括但不限于：不要孤男寡女共处一室，不要私下面谈直到深夜，不要两个人单独旅游，不要在某一方的家里过夜，不要找对方酒后倾诉，不要接受远超友谊价值的礼物。

就是尽量保持足够的社交距离，包括但不限于：避免与异性单独见面，避免肢体上的接触，避免金钱上的往来，不欠对方人情，保持说话语气和用词上的礼貌，避免交谈或工作过程中过分亲密；在工作中仅以正常的上下级关系相处，在生活中仅以正常的朋友关系交流。

就是尽量不要在"特殊时间"联系对方，比如醉酒之后、深夜时分、跟对象吵架之后。

就是尽量不开过分的玩笑，不讲过于亲昵的话。不要用开玩笑的口吻说"要不我们在一起吧"；不要轻易给出"我对象要是像你这样就好了""还是你最懂我""你对象怎么可以这样对你"之类的评价，不要用"宝贝""亲爱的"一类的昵称，更不要发出"飞吻表情"和"想你了"之类的暧昧图文。

诚如罗翔老师说的那样："如果一个玩笑，你不会说给你妈妈和你女儿听，那其实你也不应该说给你的女同事和女同学听。"

**不是你觉得"关系好，说什么都没关系"就行，而是对方、对方的另一半以及你的另一半都觉得"没关系"才行。**

还有一件事情，我一直都挺好奇的：有的人是不是开古玩店的，为什么见谁都叫"宝贝"？

·3·

有个学生被老师性骚扰了，去找心理辅导的老师求助。
结果心理老师的原话是："你首先要检讨一下自己，没事就跑去喝酒的女生本身就有问题，不然为什么别人都没事，就你有事？"

有个女职员被领导性骚扰了,在网上曝光。

结果网友的评论是:"苍蝇不叮无缝的蛋""我看你就是想火吧?""说几句那样的话,就是性骚扰了?""吹了一下你的耳朵怎么啦?""碰一下后背就是骚扰,你太自作多情了吧?"

**有一种很肮脏的风气是:把油腻当成熟,把粗俗当风趣,把天真当自愿,把喊停当成欲拒还迎,把出于职业精神或者后辈对前辈的尊重理解为仰慕,把施暴者的罪行当成受害者的丑闻。**

所以,想对被骚扰的人说:你没有错,更没有罪。

被侵犯并不能证明你是荡妇,更不能证明是你的问题,只能证明你是一个受害者,你倒霉遇到了坏蛋,你那个时候没办法保护自己。

不要认为是自己开不起玩笑,不要认为是自己在自作多情,不要认为那是社交的潜规则,更不要强迫自己去适应那样的规则。

也想对受害者的亲朋好友或者"吃瓜群众"说:别在受害者面前摆出一副义愤填膺的样子,不要卖力地怂恿受害者"站出来",因为这个世界没有给她站出来的勇气,因为有太多现实的问题还没来得及解决,因为有很多类似的事件在曝光之后不了了之,因为受害者要面临无端的揣测和汹涌的恶意,因为伤痛和阴影还没办法抹掉半分,因为受害者自认为还不具备对抗禽兽的实力,所以,她才会将逃避和沉默当作保护自己的盾牌。

如果你想让她放下盾牌,就要让她先看到希望。

· 4 ·

哦，对了。最后再提三个醒：

一、想对恋爱的人说：除了亲戚、朋友、同事、同学之外，即便是此时和你相爱的恋人，你也要有所警惕。已经有很多新闻报道过，当事人因为情到浓时接受了另一半提出的拍羞羞照片或视频的请求，结果惨遭泄露，甚至是被勒索。

对方提出这个要求时往往会强调一句："我保证不会给别人看。"但你要明白，爱情里讲过的话只在相爱时算数。哪个前任没说过"我爱你一生一世"之类的鬼话？

向别人袒露灵魂都要冒着极大的风险，更别说对着镜头袒露身体了。

二、想对已婚人士说：要注意自己跟异性聊天的频率和时长，因为聊多了就会产生暧昧，聊久了就会出现恋爱的错觉。人一旦接受了别人的关心和问候，就很容易对其上瘾。不要高估自己的理智和道德标准。

**三、想对自作多情的人说：某某只是比别人有礼貌罢了，并不是对你"有意思"；某某只是长得好看而且健谈罢了，并不是在和你调情。**

## 19. 做一个情绪稳定的大人：
### 理直请不要气壮，得理也可以饶人

Q：稳定情绪难道就要靠忍吗？

·1·

我不爱吃香菜。有一天点外卖，打开盖子看见里面铺着厚厚一层香菜，而贴在包装袋上的小票备注着加粗加黑的 12 个大字："不要葱花，不要香菜，谢谢你啦。"

我马上去查了一下香菜的价格，差不多 10 块钱一斤。于是我得出一个积极的结论："商家肯定不是故意针对我的，他甚至是好心好意的，他想让喜欢香菜的人吃得过瘾。"

然后，我打开 App，给了商家五星好评，并且评论道："味道很好，料非常足。"

学车的时候，教练讲过一段话，我回味了无数次，他说："你不能以你的想法或者以交通规则来断定别人怎么走。因为有的人就是喜欢横穿马路，有的人就是会闯红灯，有的人就是要违停，有的人就是喜欢不打转向灯就变道。你在直行,你的前面是绿灯,你就觉得他们理应让着你,你就不管不顾地往前冲,这种想法是完全错误的。这种想法要么让你易燃易爆,要么让你经常修车。"

上学的时候,老师讲过一个故事,我一直记在心上。故事说的是有个人正在乘船渡江,忽然看见一艘船正朝自己冲过来,他喉咙都要喊破了,对面也无动于衷,于是他破口大骂:"浑蛋!你到底会不会开船!"被撞之后,他才发现那是一艘空船,里面并没有人,他瞬间就没那么生气了。

人很少会因为自己倒霉而怒不可遏,却常常因为"他是故意的""他怎么可以那样""凭什么要针对我""他连这点道理都不懂吗"而大发雷霆。

比如说,小孩失手摔了盘子,和小孩故意为了气你而摔了盘子,你的情绪反应肯定是不一样的。

所以,不要一上来就觉得:"我今天不揍揍这小子,这小子绝不会改。"不如想一想:"反正盘子都已经摔碎了,再说小孩现在也很紧张,不如安慰他一下吧。"

人这一生中,难免会遇到无法理解且无法沟通的人,难免会遇到突如其来却毫无办法的麻烦,这个时候,你要提醒自己:我只是被一艘空船撞了一下,并不是有人故意要撞我。

这么一想,你就会舒服很多,你就可以把耗在情绪上的精力用在解决问题上,你就会放下偏激的想法,你就不会得出糟糕的结论,也就不会有糟糕的行为。

永远不要因为气愤而讲出刻薄的话，因为你的气愤会结束，但刻薄的话会一直留在对方心里。

永远不要因为情绪失控而做出丢人的事情，因为情绪会过去，但丢人的事情会一直被人记得。

当你的情绪即将爆发或者你意识到坏情绪正在翻涌时，不要做任何实质性的决定，而是要给情绪摁下"暂停键"，比如做三个深呼吸，切换一首歌，收拾一下桌面，洗一个热水澡，读两页书，下楼走五分钟，或者出一趟远门……

当你把自己从情绪的旋涡里拽了出来，再回过头去看那些让你不爽的事，你就会发现："也没什么嘛""让他一下又能怎么样呢""他又不是故意的"。

**我所理解的情绪稳定，不是逆来顺受地说"好的"，不是佯装平静地说"我没事"，也不是忍着火气说"我都说了我没事"，而是在遇到麻烦、受到打击、心里不爽的时候，能够调动积极的情绪去对抗糟糕的情绪。**

比如，恋人忘了你的生日，消极的你可能会一下子就"炸了"，觉得他根本就不爱你，所以你要分手。

但积极的你会意识到，"哦，原来他忘了我的生日是因为他最近太忙了，经常加班到后半夜，而他这么努力就是为了早点攒够房子的首付，早点和我结婚"。

又如，你熬夜做出来的方案被老板否决了，消极的你可能"不想干了"，你觉得老板有眼无珠，所以你要辞职。

但积极的你会意识到，可能是自己做的方案不是老板想要的，可能是自己没理解老板想要什么，然后你就会主动去询问老板的真实想法，并告诉老板自己是怎么想的。如此一来，你跟老板就会从雇佣关系变成合作关系。

再如，你正常行驶的时候被人别车了，消极的你可能会暴怒，觉得别人在故意挑事，所以你气得想撞上去。

但积极的你会意识到，这是一个危险的想法，它可能会让你和车上的人陷入危险的境地，所以你会试着说服自己"慢一点也没关系，家人平安才是最重要的""也许他有什么急事，也许他走错道了"。

这个世界上的确有不公平，也的确有不守规则的人存在，所以愤怒随处可见，郁闷也经常发生，有情绪是很正常的。如果戒掉了情绪，人和机器就没什么区别。

就好比说，害怕会让你对危险产生戒备，愤怒会让你对不公平保持警惕，这是你的大脑在提示你"小心"或者"我受够了"。

我想说的是，情绪本身是没有好坏之分的，只是释放情绪的方式有好坏之别。所以我们要控制的不是情绪，而是处理问题的心态。

好脾气的消失，可以准确地反映幸福感的减退；而坏脾气的消失，可以准确地反映智慧的增长。

当你遇到了"杠精",你就问自己三个问题:这个问题有标准答案吗?这个问题重要吗?这个问题跟我有关系吗?如果其中有一个问题的答案是否定的,那就不值得再跟他争辩了,除非你也觉得自己的时间不值钱。

当你遇到说服不了的人,大方地承认自己错了比卖力地证明自己没错更有意义,坦然地服个软比强硬地互喷更有意义。你对了又怎样?人家为什么非要认同你?他不对又怎样?你为什么非要教他变聪明?

当你遇到了难搞的事情,你就做两手准备:如果这件事能够解决,那就开足马力去解决;如果这件事不能解决,那就问自己"会死吗",如果答案是"不会",那就"想开"。

**当情绪来袭时,要多问问自己:那种人做的那种事、说的那种话,到底值不值得变成一个结节收进乳房里,或者形成一个斑点附在肝上,或者变成一个污点留在档案上?**

·2·

在《我是演说家》的舞台上,有位女嘉宾讲到了令她非常后悔的事,那就是对她最爱的两个男人放了狠话。

因为爸爸反对她的婚事,还在电话里警告她:"如果你要跟那个男的交往,我就不认你这个女儿,我们就断绝关系。"

女嘉宾非常生气,冷血地回答道:"好啊,是从今天开始,还是明天?是你来通知家里人,还是我来转告?"

这句话差点让她爸爸气到住院。她冷静下来之后懊悔不已:"我怎么可以用这么狠毒的话来回应最爱我的爸爸呢?"

说到这儿的时候,女嘉宾话锋一转:"我可以为了我老公不惜跟我爸翻脸,但事实上,伤害我老公最狠的也是我本人。"

在一次激烈的争吵中,被气疯了的她脱口而出:"你哪一点配得上我啊?你知不知道你离过婚,是个二手货!"

她老公没有还嘴,气得进房间去收拾东西,在准备出门的时候,她老公非常难过地对她说:"你知道吗?有些话是不能讲的。"

被特别在乎的人肆无忌惮地说狠话是什么感受?

会哭到身上每一个地方都疼,会反胃、恶心、耳鸣;

会觉得心脏被什么东西掐住了,久久不肯松开;

会觉得心凉透了,会情不自禁地打冷战;

会突然讨厌自己,甚至质问自己为什么会喜欢这种人;

会心痛到吃不下饭、睡不着觉;

会难过到一句话都说不出口……

是的,语言的力量非常强大,可以让人从头暖到脚,也可以让人从脚凉到心。

那么你呢?

有没有在气急败坏的时候对你很爱的那个人说:"我要跟你分手""你配不上我""你滚啊""你算什么东西"?

有没有在孩子不认真、不努力、犯错误的时候对孩子咆哮:"你怎么这么不争气啊""我不要你了""你是我们家的耻辱""猪都教会了,你怎么还不会""你是大的,就应该让着小的啊""你怎么这么没用"?

有没有肆意去点评你不认同的观点和行为:"这是人说的吗""这是人吃的吗""写的什么垃圾""这种东西也好意思拿出来丢人现眼"?

你挑的是对方的伤口和痛点,你用的是最恶毒和刻薄的字眼,你怒目圆睁的样子就像一位骁勇的刀客,在一刀一刀地砍着你所爱之人的心。

但你别忘了,并不是每一句说出去的狠话、每一个被你伤害过的人,你都还来得及道歉和补偿。

**永远记住,真理要像外套那样得体地展示出来,而不是像湿毛巾一样扔在别人脸上。**

人也差不多,即便我知道你是为了我好,也请你态度好一点;即便我知道我有问题需要改正,有责任需要承担,但如果你凶我,那在我看来就是你的不对。我只会加倍地凶回去,我只会蛮不讲理,拒不认错,死不悔改。

但如果你能好好跟我说,那我大概率是会心存歉意的,我的强势态度也会变得底气不足,就算我的骄傲不允许我对你说"对不起"这三个字,但我的良知一定会勉强自己向你露出"谄媚的微笑"。

·3·

有人在采访一位很厉害的投资人时问道:"过去这么多年,最让你难过的事情是什么？"

他的回答竟然是："你是问难过的事情，还是难处理的事情？我好像没什么难过的事，倒是经历了一些难处理的事。"

仔细琢磨他的回答，就能咂摸出一种非常高级的心态：我没有什么难过的事情，我也没有什么好抱怨的，任何事情，只要发生了，我就去冷静地处理，最多是难处理而已，不会有太大的情绪起伏。

情绪稳定的人自带沉稳的气质，不会逢人就说自己的苦楚，不会一有机会就絮叨内心的不满，不会还没开始行动就炫耀自己的宏伟计划，不会假装和世界抱作一团，而是活在自己的目标、爱好、责任里，他有着非常稳定的价值观和非常坚固的原则，他的内心就像是拥有一个巨大的锚，外面的风浪根本就奈何不了他。

情绪稳定的人会再三提醒自己："我没有比别人更倒霉，只是这一次有点倒霉而已；我不会一直倒霉，只是暂时的。"

情绪稳定的人会直击问题的关键，如果自己是因为委屈而有情绪，就想想怎样才能跟人讲清楚；如果自己是因为能力不够而有情绪，就要想办法提升能力。

情绪稳定的人不轻易"脑补"。

比如，老板问起工作进度，他会确信老板只是想知道这个项目的进展如何，想确认一下自己需不需要帮忙；而不会过度地猜测："老板是不是觉得我不够努力,是不是想找个人取代我?""可是我已经在没日没夜地干活了,他怎么可以这样?""我太生气了,他怎么一点都不知道体谅做事的人呢?""跟着这样的老板,这辈子也赚不到大钱,还是辞职吧!"

又如,对方"暂时没有回应",他会确信对方没回信息只是在忙,没接视频电话只是没看到,没别的原因,不必乱猜;而不会陷进情绪的黑洞里:"哎呀,他是不是生气了""他是不是对我有意见""他是不是看不上我""他是不是有喜欢的人了"……

结果,情绪稳定的人都是"大事化小,小事化了",情绪不稳定的人则是"大事爆炸,小事暴躁"。

情绪稳定的人会从容地面对工作中的麻烦鬼和糊涂蛋。

他们知道遇到这类人在所难免,所以绝不会因为这类人的存在就选择"摆烂"。他们会很努力地做好手头上的事情,因为他们很清楚,能被"摆烂"的不会是对方,只会是自己。

但与此同时,他们会争取远离这类人,包括能力上、职位上和心理上的远离,因为他们很清楚,在这个适者生存的社会里,带一只"猪"闯荡江湖,意味着在和整个生物链作斗争。

情绪稳定的人分得清是非对错,但不争输赢。

他们会站在对方的角度去倾听,以便理解对方的真实意图;会用对方的频率去表达,以便对方听得进去自己的真实想法。

他们这么做是为了更好地沟通,而不是为了讨好谁;是为了更好地达成共识,而不是为了说服谁。

情绪稳定的人能够提供宝贵的情绪价值。

你做的菜咸了，他会说："咸了好，咸了下饭。"

你做的菜淡了，他会说："淡点好，低盐更健康。"

你给他买的衣服买小了，他会说："小了好，穿着贴身。"

你给他买的衣服买大了，他会说："大点好，穿着宽松。"

你收拾房间时弄坏了他的摆件，他会说："坏了好，我早就看它不顺眼了。"

你逛街弄丢了手机，他会说："丢了正好，我早就想给你换个新的。"

甚至是你想拽着他出门捡垃圾，他也会一边笑你神经病，一边翻箱倒柜地找出两个大塑料袋，然后跟你说："这个装得多。"

在他这里，你永远有台阶可以下，你的缺点永远不留污点，你的错误永远情有可原。

**温馨提醒：谁能给你带来最多的平静，谁就应该得到你最多的时间。**

·4·

成年人的情绪看似稳定，但其实很难稳定。因为糟糕的事情会铺天盖地地袭来，还因为成年人内心住着的三个人想法不同：内心的小孩想得到爱，内心的少年想要复仇，而作为成年人的自己只想让这个破事快点过去。

那么，成年人该怎么管理情绪呢？

第一，你要意识到"我有情绪"。

当你生气时，请你意识到你在生气，这一点至关重要。意识到情绪，你后续的行为就不是本能的反应，而是一种选择。

你可以选择停止发火，因为你怕伤害到对方；你也可以选择大发雷霆，因为你就是想让对方看到你的脾气。

第二，避免开启"反驳模式"。

人一听到不同意见，很容易马上开启"反驳模式"。在这种模式下，倾听是不存在的，当倾听停止时，思考就停止了，当思考停止了，有效的沟通也就中止了，彼此能感受到的只有指责、批判、不满和攻击。

情绪就像一个陀螺，你一鞭子，他一鞭子，只会让陀螺变得暴躁乃至失控。但如果你能率先停下来，对方也会跟着停下来，情绪的陀螺才有可能停下来。

第三，不要愤怒地表达。

你本来是想表达一个事实或者观点，这是很容易做到逻辑严谨的。但如果你非要加上强烈的情绪，以表达你的不满和愤怒，那么你的逻辑就会出现漏洞。不信你仔细观察，很多人逻辑上有漏洞，常常是因为情绪在失控。

如果实在忍不住想翻白眼，记得先闭上眼睛。

第四，不要激怒对方。

当你打算结束一次争吵、准备远离一个不讲理的人时，不要飙狠话，不要甩出"你打我试试"之类的话语刺激对方，就算法律会制裁他，但你很可能会因为刺激对方而受到伤害。

切记,敬而远之才是真正的"保护自己"。

**最后再问个好玩的问题:**为什么动画片里拯救世界的都是小学生、初中生、高中生?

因为如果你对成年人说"世界要毁灭了",他们很可能会说:"还有这种好事?"

## 20. 最好的礼貌是少管闲事：
   你说服我没有意义，我对说服你也不感兴趣

Q：为什么道德的高地上总是站满了人？

·1·

我曾在一天之内，收到了两个事关"好为人师"的问题：

A 同学问："我总是忍不住想要纠正室友的观点，我知道这很讨厌，但我就是停不下来，我该怎么办呀？"

我回答道："那就继续呗，你知道会被讨厌还要纠正，那就争取让所有人都讨厌你，等你没朋友了，自然就不用纠正谁了。"

B 同学问："不管我说什么，那个烦人的同事都要纠正我，我真想撑他两句，但低头不见抬头见的，唉，我该怎么办呀？"

我回答说："纠正你，是想凸显他的优越感，如果你暂时不如人家，那就假装认同他，然后争取比他混得更好；如果你和他的段位差不多，那就把他当个笑话，表面上恭敬，在心里傻乐。"

**与人相处时最招人烦的行为，就是总想证明"我是对的，你是错的"或者"我很聪明，你太蠢了"。**

几乎每个人都会"被建议"——小到吃相、坐姿、发音，大到习惯、婚姻、事业。如果对方是至亲或者领导，被说两句倒也无可厚非，可总有一些莫名其妙的家伙，既没有你过得开心，又没有比你优秀多少，还隔三岔五地指出你需要"改进"的地方，觉得你再继续这样下去就完蛋了。

那么问题来了，为什么道德的高地上总是站满了这样的人？

因为这些人根本不知道自己在说什么，他们只是喜欢给自己戴高帽、立牌坊、贴标签，而且觉得这些东西举得越高越好。

喜欢辩论，喜欢交流，这都不是问题，问题是，有的人在讨论的一开始，就带着"你必错无疑"的气势，带着一种"你怎么这么蠢"的鄙夷。可没有人愿意被证明是个笨蛋。

出现了意见不合，或者被人说三道四的情况时，你可以阐明自己的观点，可以表明自己的立场，可以听听对方是怎么说的，可以分析对方为什么要那么说，然后你再去判断：要不要跟他死磕到底，以及要不要因此而不开心。

与此同时，你还要对这些"好为人师者"予以同情。因为只有控制不了自己的人，才总想着要去控制别人；只有不了解自己的人，才总是担心别人不了解自己；只有没什么真本事的人，才总想证明自己有本事。

只有这样，他才可以将自己巨大的无助感转嫁出去，将自己少得可怜的存在感刷出来。

和"好为人师者"相处是什么感觉呢？

就像是，他强调"毒蛇虽然有毒，但能治病"，给出的理由是"有人被毒蛇咬了一口，风湿好了，关节炎也不犯了"，可偏偏不说最要紧的那句——"心脏也不跳了"。

就像是，你在公园里下棋，走了第一步，来了几个老头子，一直帮你出主意，直到你这局完败，他们就总结道："你第一步就不该走当头炮。"

如果觉得别人错了，到底要不要纠正呢？我个人的建议是：

1. 非必要不费力去证明自己，无利益不试图去说服别人。不是早就有人说了吗？人际交往的最高智慧就是：热情、大方、一问三不知。

2. 如果是很亲密或者存在利益关系的人，你想提意见，要先获得对方的同意。

3. 重新向对方表述一遍他的观点，以便确认自己没有误解对方。

4. 只说客观事实，不说主观评价。比如，把"我觉得某某是个好人"换成"某某在某事上帮过谁谁谁"。

5. 只分析现象，不替人下结论。比如，帮他分析A选项有什么好处和坏处，B选项有哪些优点和缺点，至于最终怎么选，由他自己判断。

6. 摆正姿态，不要居高临下，不要以"说服对方"为目的。即便你说得很对，也要允许对方不听。

7. 如果意识到对方听不进去，你可以私下找找证据来验证事实。在这个求证的过程中，你会发现"哦，原来是我不对"，或者发现"哈哈，他果然错了"。然后，你只需默默地庆幸或开心就行了。

8. 允许别人犯错，允许他做呆瓜，允许自己的聪明才智没有展示出来。怕就怕，你度不了别人，却被别人拖进了地狱。

要珍惜有限的生命，不做无谓的讲理；要放下助人情结，以免乳腺结节。

**最好的心态是：要允许别人做别人，也要允许自己做自己。不再试图改变别人，不再把生命和他人捆绑在一起，也不再陷入无止境的自证陷阱。**

是的，我本就是俗人一个，在我的认知里，当下就是比以后重要，接受就是比发怒管用，自己过得好就是比吵赢了舒服，吃饱了就是比饿着踏实，努力赚钱就是比生闷气有价值，积极上进就是比摆烂好，多做事就是比多忧愁有意义，沉得住气就是比三分钟热度靠谱……你或许有不同意见，但不用来说服我。

·2·

有个网络流行语叫"理中客"，它的本意是"理性、中立、客观"。可惜现在这个词越来越像在形容一个"坏蛋"。

让它变坏的原因是，有的人暗戳戳地站队，却偏要给自己立一个"理中客"牌坊；明明在为自己的利益说话，却动不动就说自己讲的是"公道话"。

有的人只是打着"理中客"的旗号，扮演"白莲花"的角色，摆着"世人皆醉、唯我独醒"的臭屁样子。

有的人自称理性，却在字里行间掺和了大量的情绪；自称中立，却在结论中夹带了满满的私货；自称客观，却在暗地里拉偏架。总之，他们既不理性，也不中立，更谈不上客观。

**满嘴的礼义廉耻和仁义道德，乐山大佛听了都得给他让座。**

为什么大家讨厌"假理中客"？

因为他好为人师。

动辄 ABCD，轻则 1234，明明是在倚老卖老，却自以为思想高深；明明是别人一忍再忍，却自以为受人尊敬。

如果实在说服不了你，他就会抛出一堆著名的废话："我吃过的盐比你走过的路还多""我又不会害你""我这都是为你好"。

因为他喜欢"灭嗨"。

你鼓足勇气穿上了从来都不敢穿的裙子，他当众来了一句，"哇，你的腿好粗"。

你终于买到了心仪已久的车子，他就开始说他身边谁谁谁开这种车出事了。

你历经千辛万苦爬到山顶，开心地大喊："太爽了，感觉一伸手，就能撩到嫦娥。"他却跟你科普："这个海拔才 1329 米，距离月球 38 万公里，就算你登上珠峰，也撩不到嫦娥！"

他说得对吗？好像也没错。但是你想不想抄家伙？反正我是很想。

因为他长年驻扎在道德的高地上，永远站在道德的"C 位"上。

看到有人高消费了,他就喊:"那么有钱怎么不把钱捐出来做慈善?"

看到有人投诉广场舞扰民,他就说:"做人能不能善良一点,老年人难得有点娱乐活动。"

看到有人指责熊孩子,他就来帮腔:"只是个孩子,你计较什么?"

反正他是没钱可捐的,反正高音喇叭又不是摆在他家门口,反正被熊孩子骚扰的又不是他。

因为他无视受害者的伤痛。

看到受害者,他的第一反应往往是:"两个人都不是什么好东西""一个巴掌拍不响""这个女的一定是做了什么,不然她老公不会无缘无故地打她""凡事要多想想自己的原因,为什么别人只欺负你呢"……

他用这些歪理来给自己满腔的恶意站台,其实不过是在掩饰他内心的冷漠和丑恶。

他甚至不了解到底发生了什么,就在网上私设公堂,随随便便地给受害人判罪!

因为他总觉得自己有远超同龄人的"思想水平"。

朋友在外面吃亏了,他张嘴就说"吃亏是福",却忘了自己根本就没资格以"置身事外"的心态说"没必要"和"不至于"之类的便宜话。

老板正在为某个决策伤脑筋,他说"这么简单的事有什么好纠结的",却没意识到,老板要对最终结果负责,所以做决定的时候就会"因为权衡各方利弊而显得特别笨拙",而像他这种不必对结果负责的人只是"因为轻飘飘地说这说那,才显得绝顶聪明"。

因为他是驰名的"双标"。

他有异性朋友就属于"纯洁友谊",别人有异性朋友就"肯定有鬼"。

他迟到了就是因为堵车,别人迟到了就是因为没有时间观念。

他追星就属于为了梦想,别人追星就是脑子有病。

他谈了很多恋爱是因为他有魅力,别人谈了很多恋爱就是"水性杨花"。

因为他喜欢假装中立。

看到明星吵架,他明明心里有偏向,却自诩"纯路人";明明带着偏见,却厚着脸皮说"有一说一"。

就像看到胖虎欺负大雄,他既没有支持大雄,也没说支持胖虎,而是选择"各打五十大板",然后厉声谴责暴力。

但实际上,没有帮助弱者,就等同于支持暴力。

因为他常常"选择性失明"。

有个插画师的作品被抄袭了,他陷入沉默;插画师在网上声讨抄袭者,他却跳出来说:"为什么抄你的人却比你火?你眼红就说自己眼红,别讲得那么大义凛然!"

别人"喷你"的时候,他都在看笑话;你想还嘴的时候,他却蹦出来让你理性一点。

关于"理中客",我要提三个醒:

一、真正的理中客,绝不是霸占道德的高地,然后讲几句没用的便宜话,而是理解别人的不如意,体谅周遭的不得已。

谁都想做一个医生,谁都不想当病人。站在痛苦之外规劝受苦之人,是很容易的事情;以置身事外的态度指导置身事内的人,是很没有道德的事情。

二、当我们指责别人是理中客时,有时候是因为我们不认同他们的观点,有时候是因为我们当时的心情不好,有时候是因为我们找不到更好的理由去辩驳了,有时候是因为我们无法接受他们说出了真相,还有的时候是因为我们单纯地讨厌那个人。

三、我们常常指责别人是理中客,却意识不到自己也是。就比如,我绞尽脑汁地写"理中客为什么变成了贬义词",而自己很有可能也犯了"理中客"的诸多臭毛病。

**成熟的标志就是,你慢慢意识到,不管是什么规律、经验,都有其适用范围。**

·3·

当你想改变或者想拯救别人时,我想提醒你三件事:

一是掂量一下"我有没有资格"。你只有身在岸上,才有资格去解救水中的人。所以,那些自己过得水深火热的人,就别替那些活得风生水起的人操心了。

二是分析一下"对方愿不愿意"。谁也无法叫醒一个装睡的人,最多只是在对方愿意改变、想要改变的时候帮着推一下。所以,别人不问,你就别说；别人没求，你就别帮。你觉得自己是好心想拉他一把，但他不会因此感激你，只会觉得你冒犯了他，甚至还会凶你一句："你把我的胳膊拽疼了！"

三是意识到人跟人是不一样的，成长环境不一样、爱好不一样，所处的时代也不一样。比如说，"70后"请假是因为父母不舒服，"80后"请假是因为孩子不舒服，"90后"请假是因为自己不舒服，而"00后"请假是因为看你不舒服。

快乐出现的时候，请尽情享受；被人夸奖的时候，请虚心接受。
赞美别人的时候，请像个演说家；纠正别人的时候，请像个哑巴。

**人哪，还是要经常上上秤，以便知道自己是胖了还是瘦了，以及在别人眼里到底有几斤几两。**

事实上，你受人尊重，你说的话才会有分量；你过得好，才能为你的观点加分。让人闭嘴的从来不是你的道理，而是你的身份。

就算是你的父母、恋人、朋友、孩子，你也别想轻易地说服他们。真心想要影响他们，最好的办法就是让自己变好。

你成功了，有钱了，出名了，好看了，受欢迎了，远比你讲的道理有用得多。

如果有人向你提出不同意见，我也要提两个醒：
一、那个职位比你高、经验比你丰富、能力比你强的人，他找你掰扯的目的，很可能不是说服你，而是说服他自己。

他不是不赞同你的观点或方案，而是需要你提供更充分的理由，来帮他下决心。

所以，不要觉得那个人是个爱抬杠的傻瓜，不要质疑他的冥顽不灵，事实上可能只是，他的心事，悬而未决，而已。

二、不被理解才是正常的。无论你解不解释，一定有人理解不了你为什么那么晚睡觉，为什么要去那么偏僻的地方玩，为什么拍那么丑的自拍照，为什么一直去吃同一家饭店。

不是非得别人理解了你，你的决定才是正确的；不是非得别人都认同你，你的行为才是合理的。

·4·

"出门遇贵人"是很多人喜欢的祝福语，那么什么样的人更有贵人缘呢？

答案之一是，无知且不懂就问的人。

吃饭的时候，你好奇地问："这个菜是什么呀？还挺好吃的。"一定会有人跟你讲它的来龙去脉。

群聊的时候，你好奇地问："这句话是什么意思呢？"一定会有人跟你解释它的前因后果。

工作的时候，你好奇地问："这个东西怎么用啊？"一定会有人告诉你它的大有作为。

你无知且好奇的样子，会让人觉得你很可爱，觉得你需要帮助，贵人自然就会挺身而出。

反之，如果你什么都懂，什么都知道，贵人自然就会不留痕迹。

**为人处世，真正的高手都是扮猪吃老虎，可惜多数人都只是"猪扮老虎"。**

很多事情，对你来说就像一堵墙，就算你撞得头破血流也无济于事；但对有的人来说就像一层窗户纸，一戳就破了。

贵人可以帮你捅破窗户纸，但前提是，你自己要争气，要达到一定的段位，否则就算遇见了贵人，人家跟你也没什么关系。就像再好的高考提分策略，对小学生也是毫无用处的。

## 21. 人生拼的是教养：
   你能好，一定是有很多人希望你好

Q：哪些行为会让你觉得一个人很有教养？

·1·

前些天，有位学者在网上对一位老艺术家的逝世表达了悼念。

底下有人评论道："都这么老了，（活得）差不多了。"

学者回复："人要有一点悲悯之心，要说人话。"

又有人跟着评论："你这么有学问还看不透生死。他都98岁了，已经很好了。"

学者答："自己活多久都无所谓，但对别人（尤其是敬重的人）不能有这样的看法，这才叫看透生死。只看透别人的生死，那叫不是人。"

**这年头，谁都觉得自己缺钱，包括不缺钱的人；谁都觉得自己不缺德，包括缺德的人。**

每个人觉得难过、委屈、崩溃、气愤、开心、骄傲的"标准"都不一样，不要因为"我觉得这没什么",就去看轻别人的感受。

你觉得无关紧要的事情,别人可能正为此痛不欲生;你觉得超级有趣的东西,别人可能觉得"就那么回事儿";你觉得非常珍贵的东西,别人可能觉得一文不值。

就好比说,有的人开着几万块钱的小车,却住着一栋带花园和泳池的大房子;

有的人穿着一件掉色的 POLO 衫,却戴着一块价值几万元的表;

有的人吃着路边摊,但他是在庆祝公司上市;

还有的人用着过时的手机,却买了一把价值百万元的小提琴。

所以,不要用自己的想法去衡量别人,也不要用自己的价值观去评价别人。

你喜欢荞麦面,别人喜欢乌冬面,你就不能说"乌冬面是人吃的吗";

你喜欢草莓味的蛋糕,别人喜欢抹茶味的,你就不能说"抹茶看着像鸟屎";

你喜欢古典乐,别人喜欢摇滚,你就不能说"摇滚也能算音乐吗"。

你可以不喜欢,也可以认为它难吃、难看、难听,但当着对方的面贬低对方喜欢的事物,就是缺德了!

同样的道理,不要在体重偏重的人面前谈肥胖的坏处,不要在失恋的人面前秀恩爱,不要在家庭不幸的人面前谈父母的恩惠。

不要对难过的人指点江山,不要高谈阔论说"事情都过去了,你怎么还放不下",不要对幸福的人泼冷水,不要对别人明确表示喜欢或者明显感兴趣的东西发表负面的评价,不要居高临下地提醒别人为什么不选择更精致的活法。

如果你的选择被证实是"对的",就不要"秀"给那些选错的人看;如果你不想分享你的玩具,就不要"秀"给那些没有这种玩具的孩子看。

希望所有人都能记住:

"关系好"不等于"什么都可以说";

"他生气了"不等于"他开不起玩笑";

"我不是故意的"不等于"你没错";

"我没有恶意"不等于"能够避免产生伤害"。

**希望在我们共享的世界里,有一种"我没去惹你,你最好也别来惹我"的默契。**

·2·

有个主持人,在很小的时候和妈妈一起去拜访一个富贵人家。吃饭时,女主人用鲍鱼、海参、鱼翅来款待他们母子俩。那是主持人第一次吃鱼翅,他惊叹道:"哇,真好吃,阿姨,这是什么东西啊?"

女主人微微地笑道:"这是粉丝。"

说完又给他盛了一大碗,并对他说:"喜欢吃,就多吃点。"

后来,这个主持人成名之后参加了很多饭局,他发现每次桌上上了什么名贵食材，请客的主人往往都会大肆地向他宣传："这是神户牛肉，这头牛每天要做按摩、听音乐，很罕有的，每斤要好几千呢！"

主持人总结说："这就是有教养的有钱人和没教养的土豪的区别。有教养的人拿好东西招待你，是发自内心地想让你吃好喝好，让你高兴，而没教养的人只是想让你领他的人情罢了。"

有个人向他的学长请教问题，学长耐心地听完之后，反过来问："我能不能发语音？"在得到允许之后，学长才给他回了很多条语音，并且每条的时长都不超过 20 秒。

学长作为提供帮助的一方，还能时刻尊重并且考虑请教者的感受，这就是有教养！

有个人因为老公的博学而惊叹"你太厉害了，连这个也知道"的时候，老公的回答是："我只是比你早一点知道而已，现在你不也知道了。"

一个知识远比你渊博的人，在回答你问题的时候，不会让你觉得自己是个笨蛋，这就是有教养。

几个大男人酒足饭饱之后，走在大马路上醒酒，边走边聊天，路上的车子和行人很少。这时对面走来了一个女生，其中一个人马上提醒大家："我们小声靠边走，别吓着那姑娘。"

即便是到了半醉的状态，有的人还是会下意识地照顾别人的感受，这就是有教养。

有个女拍卖师在成为拍卖师之前，曾陪一位亲戚去过一家拍卖行。亲戚的"宝贝"被好几个拍卖师鉴定为赝品，没少挨这些拍卖师的嘲讽，但亲戚并不死心，因为他为宝贝花了大价钱。所以亲戚又去见了一位拍卖师，这个拍卖师很认真地查验了一遍，结论依然是"赝品"。但他没有因此嘲笑亲戚，而是给他提了建议，并耐心地给他倒水，还讲解了收藏的常识，之后，又很恭敬地把两人送到电梯口。

后来，这个女孩也成了拍卖师，她说："做了这一行才知道，为什么那些专家这么冷漠和不耐烦。因为每天有很多人从天涯海角赶来，但99%都是上当受骗的可怜人，带来的东西一文不值。"但她不会因此就瞧不起任何人，因为她始终记得，自己曾被人礼貌地对待过。

**我理解的"教养"，就是脸上和心里时时带着尊重，又不轻易被人察觉；就是让别人觉得很舒服，同时自己并没有受任何委屈。**

和有教养的人相处是什么体验呢？

就是他从不把优越感写在脸上，不会炫耀自己有什么成就、过着什么样的生活、见识过什么样的人，也不需要通过贬低别人来抬高自己。

就是跟他相处时，你会觉得"这个人真好"，同时你也会觉得"我也挺好的"。

就是他让你觉得很安全，因为他不伤人，也不自伤；因为他不制造麻烦，也不麻烦别人。

就是做事的时候，他很自然地不让别人产生压力，让每个靠近他的人都很舒服。

就是即便他在高谈阔论，你也不会觉得他虚伪；即便他有情绪，你也不会觉得他矫情；即便是讲私密的话，你也用不着防备他。

就是你对他好，他会温柔地回应；你为他着想，他会善意地回应；你点到为止，他心领神会。

就是他会表达关心，但不会介入；他会试着理解，但不会假装认同。

教养与一个人的年龄、身份、地位、性别无关。正值花样年华的人群当中也有让人生厌的妙龄女子，身材佝偻的老者也可以是彬彬有礼的君子。

**怕就怕，有的人走到哪儿都能给人带来快乐，而有的人只有走了，才能给人带来快乐。**

·3·

如果有人让我推荐一本能提高个人教养的书，我一定会推荐哈珀·李的《杀死一只知更鸟》。

在谈到"尊重人与人的不同"时，书里说："有些人吃饭习惯跟我们不一样，可是你不能因为这个在饭桌上给人家当面提出来。那个男孩是你们家的客人，就算他要吃桌布，你也随他的便。你听见了吗？"

在谈到"感同身受"时，书里说："你永远也不可能真正了解一个人，除非你站在他的角度考虑问题，除非你钻进他的皮肤里，像他一样走来走去。"

在谈到"交谈的话题"时，书里说："与人交谈的礼貌做法是谈论对方感兴趣的事情，而不是大谈特谈自己的兴趣点。"

**有教养不等于讨好和取悦他人，因为教养是一种不卑不亢的姿态。有教养也不是要演给谁看，因为教养既是人前的自我约束，更是人后的自我要求。**

一个有教养的人大概是这样的：

不鄙视弱者，不仰视强者，与晚辈或下属交谈时也风度翩翩，在"国王"身边也平易近人。

不当传话筒，不会挑拨是非，别人告诉自己的事情一定会守口如瓶，传达他人的观点不会添油加醋。

既尊重别人，也尊重自己。没有什么"一定要按照我说的来"，也没有什么"全都听你安排"，更不会允许别人用"他性格就这样，习惯了就好了"来道德绑架自己，因为在他看来，如果只能这么不舒服地相处，那不如不相处。

绝不会嘲笑别人的伤疤和不堪的过去，因为他明白，那是自己没有经历过的痛。

遭到拒绝也不会生气，因为他明白，没有人必须为自己做什么，不能把别人的帮助视为理所当然。

遭遇不公也不会逢人就抱怨，因为他明白，无论是作为个体还是群体成员，自己的待遇都源于自己在某个方面拥有的独特优势：或是能力，或是财富，或是权力，或是影响力。

不喜欢就直接明确地拒绝，因为他知道，不能白嫖对方对自己的付出，不能利用他人的感情来满足自己的虚荣。

**总结来说就是，穷不怪父母兄弟，苦不怨生活坎坷，气不迁怒于无辜的人，败不归咎于时运不济。**

## ·4·

有人私信我："在一个没教养的小圈子里，教养有用吗？"

他又补充了几句："我在生活中遇到过很多有教养的人，他们让人如沐春风；也遇到过很多粗鲁野蛮的人，我觉得他们给别人带来了痛苦，却得到了别人的忍让。所以我很困惑，教养有用吗？"

我回复他："别人再怎么不是个东西，也不该成为你不是个东西的理由。"

他追问："我确实受不了那些没教养的人，但生活中又不得不跟他们打交道，这可怎么办呀？"

我回道："允许自己'受不了'，也允许自己'还得跟他们打交道'。成年人之间的看透，也许不是摆到明面上的一刀两断，但一定会从心里划清界限，永不信任。"

有教养的人一定要主动去维护有教养的环境，因为有教养的环境特别需要你的坚守，以及你的优秀，这真的非常重要。

如果某个环境允许人品差的人混得很好，那么人品好的人就难免过得很糟糕；但如果这个环境让人品好的人过得更好，那么人品差的人就很难待得下去。

我们会天然地想要靠近人品好的人，我们会天然地想要支持有教养的人，我们也会本能地想要远离没教养的人。

人品好的人，他的心灵自带卫兵，这些卫兵可以为他守住原则，监督他不要胡作非为。

而人品不好的人，即便你跟他一起穿开裆裤长大，即便他说爱你爱到了骨子里，但他的没担当，他的推诿扯皮，他的优柔寡断，他的倒打一耙，都会让你吃不了兜着走。

切记，当面冲你发火的人可能是因为性格暴躁，但背地里"阴"你的人一定是人品有问题。

做人哪，不怕豺狼当面坐，就怕人后两面刀。

**最后，想对某些讨厌鬼说：**如果有一天，你被我拉黑了，不用急着解释，我不是不同意你的观点，只是单纯地讨厌你这个人。

# PART 5
## 第五部分

# 上香和上进有冲突吗？

吞噬一个人的野心和梦想的，不是命运的惊涛骇浪，而是那些极其普通、毫无波折的日子，比如"好像不用太努力，日子也可以呀""好像就这么混下去，也没什么问题呀"。

我们之所以努力，不是为了被认可、结人缘、被赞美，而是为了积累能量去换取自由，包括但不限于：选择的自由、拒绝的自由、保持本色的自由。

## 22. 杀死拖延症：
### 你可以摸鱼，但不能真的菜

Q：上香和上进有冲突吗？

·1·

很多人每天都在重复这四个阶段：

一、我今天要做很多事，嗯，我可以的；

二、我等一会儿也能做很多事，嗯，先玩一会儿再说；

三、我晚一点还是可以做很多事的，嗯，不着急；

四、啊，完蛋了，明天再说吧。

是的，你每天确实可以做很多事，只要这些事不是你打算马上去做的。

收到任务时，你看一眼就放在一旁，然后，你过目就"忘"了。

等想起来时，你的心"咯噔"一下，再然后，你一边骂着给自己布置任务的人丧心病狂，一边怪生活不懂怜香惜玉。

你总觉得明天还来得及,所以大大方方地荒废着今天,然后百无聊赖地等着明天,但心态上并不轻松,你自己跟自己耗着,情绪上、行动上都是,想做又不敢做,又不甘心不做,从而陷入犹豫、纠结,始终在原地踏步。

结果是,你还没有任何行动就已经累得死去活来。

你想改变吗?当然想。

不然你的收藏夹里也不会有那么多"五招教你摆脱拖延症""21 天养成自律"之类的东西。

不然你也不会总是羡慕那些"说起床就起床,说睡觉就睡觉,说做事就做事,说收心就收心"的人。

不然你也不会总想模仿那些跟自己出身一样却功成名就的人。

那么要做点什么呢?

你知道该做点什么,但不想动。明明心里很着急,但还在玩手机。

更糟糕的是,你连玩手机都没什么心思玩,想马上去做事,却也提不起精神。

反正就是什么都不想做,就想在床上、沙发上赖着。心里急得不得了,满脑子都是毫无进展的工作、毫无头绪的问题、毫无办法的麻烦,但就是不想起来做点什么。

如此说来,不是你不给力,而是你已经"燃烧殆尽"了。

人哪,最怕的就是清醒地堕落。什么都明白,但什么都没做;有压力,但没有动力；不满现状，但又维持着现状。每天都在臆想，在焦虑，在着急，但每天都在浪费时间，在犹豫不决，不知道自己做了什么。

结果是，什么都想要，什么损失都不能接受，什么都没做，什么都没得到。

**一个善意的提醒：一直停在原地的话，麻的不是腿，而是脑子。**

·2·

有人发了一条朋友圈："诚聘一个杀手，把刀架在我的脖子上逼我学习，但不能真杀。"

我被"不能真杀"逗笑了，就问她："应聘条件是什么？"

她说："有刀就行。"

她今年大三，在准备考研，高考发挥不理想，错过了最想去的大学，她想用考研再为自己争取一次。

她说："每隔几天，我妈就会提醒我'别太拼命了'，而我只会觉得抱歉，因为我知道，我'拼命'的全过程是：大清早去图书馆占座，然后拿出一堆书、资料和电脑，然后戴上耳机、准备好咖啡，然后掏出手机愉快地玩好几个小时……"

"伪勤奋"是一种很普遍的现象，它最突出的表现是，以"我在准备"的名义无限期拖延，以"不够完美"为理由而什么都没做，再将大量的时间浪费在最容易完成的环节上，还到处炫耀自己有多拼命。

比如学习，强迫自己熬夜，强迫自己第一个到教室、最后一个出教室，强迫自己边吃饭边看书。

又如备考，整天晒自己用完了多少支笔，买了多少本练习册，多少次在恶劣天气下去了自习室。

再如要写一篇论文，去图书馆无数次，开电脑无数次，问老师无数次，但论文还是没有动笔。看上去整天都在忙，但实质上毫无进展。

**这个世界运行的规则之一是：越做就越简单，越想就越麻烦，越拖就越想放弃。**

要想坚持做某件事情，你就要减少做这件事的阻力。

比如考研，你不要想着"一年背 100 本书"或者"三天学完一本书"，你就暗示自己"每天拿起书来翻几页"。只要你能想着在某个时间段拿起书，那么少则看十几页，多则小半本。

又如写东西，你不要想着"今年要写一本长篇小说"，或者"5 个月写 10 万字"，你就提醒自己"每天敲几行字就行"。只要你开始写了，那么动辄写出三五百字，多则几千字。

再如跑步、健身，你不要想着"一个月瘦 20 斤"，或者"半年就去跑马拉松"，你就提醒自己"每天跑一跑"。只要你开始跑了，那么少说跑 3 公里，多则 10 公里。

怕就怕，你梦想重重，却又总是无动于衷；你野心勃勃，却又终日无所事事。

喜欢拖延是什么感觉呢？

就像是，你想乘船去往某地，但又担心船儿到不了那个地方，于是你一只脚踩在船上，一只脚踩在码头上。你就这么一直站着，一会儿想着那个地方的风景迤逦和这段旅程的妙不可言，一会儿想着路途遥远和这一路的颠沛流离。

结果是，你既无法彻底放弃那个想去的地方，又无法下定决心上船就走，只能任由时间、精力、机会白白地浪费。

心理学领域有个词，叫"过道原理"。大致意思是，过道里的感应灯通常是不亮的，但人们都希望等灯先亮了，看看什么情况，再往前走。可现实是，如果你不往前走，没有到达相应的位置，那么灯就不会亮。

这世上真的有些事，是你以现在的视野和能力无法看清的，你必须先走两步。

**先起步，再调整呼吸；先起飞，再调整姿势。路虽远，行则将至；事虽难，做则必成。**

·3·

我们曾经抱着侥幸做的蠢事、偷的懒、犯的傻，当时觉得"问题不大"，但其实会在很久之后尝到苦果！

就好比说，很多人通宵补作业只是因为放假的时候一个字都没写，很多人拼命减肥只是因为平日里没管住嘴，很多人分手后非常懊悔只是因为在一起时没有用心地陪对方。外人看他们此时的反应，还以为他们是勤奋，是自律，是一片痴心，但他们自己知道，痛苦都是罪有应得。

在该勤奋的时候选择懒惰，那么懒惰不仅会变成你的性格，还会让你失去朝气蓬勃的面孔，让你丧失对生活的热情，让你丢掉野心，让本可以美好的生活乱得不可收拾，让本应该光明的未来变得黯淡无光。

在"做得到"和"做不到"之间，还存在着大量的"能做到，但是会很累"和"能做到，但是有点烦"，以及"能做到，但看见那个谁就不想做"。

在该坚持的时候选择"算了"，那么"算了"就会像一道圣旨，可以大赦天下，当然也包括自己这个"逃兵"。可是，然后呢？

然后，生活会默默地、一次一次地把你逃避掉的问题储存起来，到关键时刻给你憋出一个你根本就招架不住的大招。

所以我的建议是，别让生活止于"准备"，别让财富止于"够花"，别让梦想止于"我行吗"。

但凡自己想做的事，要多想想"从哪里着手"和"先做了再说"，不要总是盘算"会不会被人笑话"和"万一白做了呢"。

很多时候，吞噬一个人的野心和梦想的，不是命运的惊涛骇浪，而是那些极其普通、毫无波折的日子，比如"好像不用太努力，日子也可以呀""好像就这么混下去，也没什么问题呀"。

**如此说来，命运选择给某某好运气，并不一定是他有多优秀，而是他在遇到问题时，没有躲。**

PART 5：上香和上进有冲突吗？

· 4 ·

很多人都有"超能力",可以把早饭变成午饭,把一天变成半天,把这个星期的事情变成这个月的事情,把写在本子上的"今年计划"变成"终身计划"。

为什么你喜欢拖延?

因为你总觉得还有时间。即使事情已经拖到了最后一天,你仍旧盲目地相信自己一定能及时完成。

于是,星期一要交的东西,有的人拖到了星期天晚上才开始着急,有的人则拖到星期一的早上疯狂用功。

因为你总是急着要结果。事情还没开始做,就幻想做完了能变得多厉害;看了几页书,就想着能变成学霸;熬了几个夜,就幻想自己马上能飞黄腾达……这些错觉让你越来越浮躁。

结果是,你一遇到难题就怨天尤人,一有不如意就大喊"人间不值得"。

因为你真的不喜欢这件事情。你会反复纠结:"为什么安排给我啊?就这种破事也要找我吗?唉,烦死了!"

你觉得它烦,就会不自觉地选择逃避,因为"逃避一时爽,一直逃避一直爽"。

因为你感觉这件事很难。你担心"我可能做不好""做了估计也是白做""反正还得重做"。

你将大部分意志力都用在想象困难上,自然就没心思去执行这项任务了。

因为你不是真心觉得"着急"。比如婚姻,只是身边的人让你觉得它很急,但你并不觉得,你自然就不会急着找对象。

又如背单词,只是室友天天早起去背,而你并不觉得那有什么用,你自然就坚持不了几天。

人性就是这样,在欲望上急于求成,却在行动上避难趋易。

**我想提醒你的是,认知能解决"知不知道"的问题,野心能解决"想不想要"的问题,勇气能解决"敢不敢"的问题,唯有行动才能解决"有没有结果"的问题。行动是产生结果的唯一方式,可惜的是,大多数人在"想"的过程中就已经消耗了 100% 的精力。**

· 5 ·

很多人所谓的"顺其自然",只是什么都不做,什么都不争取,等到原本容易解决的麻烦变成"没办法了",原本有可能完成的任务变成"来不及了",原本充满希望的"我可以"变成无奈的"我本可以",然后就改口说,"这就是命"。

啧啧啧。

生活还是挺难的,一句"加油"就能解决的问题不多。

那么，如何杀死拖延症呢？我总结了 10 个方法：

1. 倒数 3 个数。

当你想做一件事情的时候，倒数 3 个数，数到 1 的时候马上去做。比如闹钟响了，倒数 3 下马上起床；又如晚上想早点睡，倒数 3 下马上躺下。

这就像很多妈妈在面对不听话的孩子时讲的那句："我数三个数，3、2、1。"

2. 来点仪式感。

人做什么都需要有点仪式感，情人节送一束花，周五晚上看一部电影，读书时泡一杯咖啡等，都很有仪式感。在开始一项任务、准备做某件事之前，你也可以来点仪式感。

比如我，在开始写东西之前，会拍脑袋三下，这个仪式感就相当于在提醒我的大脑："我要开始战斗啦，请你麻利准备好！"

3. 停止空想。

想的时候，你对事情的认知就像水母，看起来很大，但其实很简单；而做的时候，你对事情的认知就像麻雀，看起来很小，但其实很复杂。

4. 不要浪费"好状态"。

要趁着没生病、不烦躁、事不多的时候，开足马力去做那件紧迫的事。因为生病的时候，你可以理直气壮地拖；烦躁的时候，你可以名正言顺地拖；

事情多的时候，你可以问心无愧地拖。

5. 不要等到某个时间点才开始做。

拖延症最明显的特征是：不到整点不干活。但我想提醒你的是，上午 8 点 16 分是可以开始学习的，晚上 10 点 9 分是可以睡觉的，不是整点，你也可以开始执行。

风筝不一定要春天才能放，海边不一定要夏天才能去，不是最好的时节，你也可以做你想做的事情。

怕就怕，你最灵气逼人的时候只是十几岁的时候。但那个时候，乍现的天赋与觉醒的热爱最终都被无声地消损在无数个"以后再说"里。

6. 拥抱不确定性。

需要别人承诺"一定能行"才去做事的人，注定一辈子都会一事无成。因为这个世界根本就不存在"做了……就一定……"，只存在"做了……才有可能……"。

任何时候、任何事情、任何人都不具有 100% 的确定性，所有未来只有在发生时才是 100% 确定的。

7. 争取一次做好。

不管什么事情，都要抱着一次做好的决心。即便最后可能会修改，甚至可能会被推翻重做，但如果你抱着一次做好的决心，你就会进步神速。反之，如果你因为会被修改、会被否定，就随便提交一个糟糕的方案，然后坐等别人的"终审",那结果只会是:别人真的觉得你好菜。

8. 做好眼前的事。

不要把人生目标都顺延到很远的将来,因为人是会变的,时时刻刻都会冒出新想法。所以真正值得思考的,是"现在要做什么"。

你想周游世界,但今天最要紧的事情是下班之前把这个方案敲定;你梦想登上火星,但今天的目标是"不生气";你幻想成为亿万富翁,但中午的目标是"好好吃饭"。

把眼前的小事做好了,你就能得到及时的正向反馈,就会不断地积累"我赢了"的微妙感受,你就有足够的热情和自信继续下去,而不是站在起点遥望终点,然后望而却步。

9. 抓住那些"突如其来的念头"。

这一点真的特别重要。当某个问题冒出来时,第一时间去搜索它的答案;当一部电影、一部纪录片、一个人物激起你的兴趣时,立刻去了解它;当脑海里闪过"我得努力"时,马上去学习、看书、刷题、工作。

10. 反复确认目标。

你能够日复一日地在跑步机上吭哧吭哧地跑,是因为你想有一个好看的身材和健康的体魄,而不是因为你能忍受流血流汗的辛苦。

你能够没日没夜地刷题,是因为你一心想着考上那所大学,而不是因为你能好几个小时一动不动地坐在那里。

也就是说,耐心不是毅力带来的,而是目标带来的。

希望有一天，你可以骄傲地说：

那不是我梦想中的大学，那是我的大学；

那不是我理想中的工作，那是我的工作；

那不是我向往的生活，那是我的生活。

**我们之所以努力，不是为了被认可、结人缘、被赞美，而是为了积累能量去换取自由，包括但不限于：选择的自由、拒绝的自由、保持本色的自由。**

## 23. 永远不要赞美苦难：
### 我们磨炼意志，只是因为苦难无法躲避

Q：顺境和逆境哪个更有利于成长？

·1·

还记得那个陪丈夫捡了十多年垃圾的七旬老妪吗？她走了几万里路，吃了无数的苦。这件事被曝光之后竟然有人歌颂道，"爱他，就陪他一起捡垃圾"，说得就好像捡垃圾是多么浪漫的事情。

还记得那首名为《"感谢"你，冠状病毒君》的诗吗？诗中写道，"我要感谢你，冠状君，因为你让我看到了一种甘露叫——众志成城"，说得就好像没有病毒就没有美好生活、没有这场疫情就没有人类的团结、没有伤亡就没有医务工作者的敬业一样。

还记得那个被网友称作"冰花男孩"的留守儿童吗？他上学要走一个多小时的山路，那天的气温降到了零下9摄氏度，他的头发和眉毛挂满了冰霜，就好像是盛开的冰花一样。他冻得满脸通红，而且皮肤有明显的开裂，却有

无数网友评论说"逆境锻炼人"。

可事实上,他是因为没有足够的御寒物品,没有护肤产品才被迫过着这种生活,他不想励志,但他没有办法。

还记得那个骑着三轮车的可怜男人吗?他的爸爸妈妈很多年前就去世了,他的妻子因为难产也在 11 年前去世了,陪着他的只有一个因为吃错药而变成傻子的弟弟,和一条已经日渐衰老、随时都可能死去的老狗。

他每天面带着微笑,用力地踩着三轮车给人送木材,以此谋生,却被很多人点评道:"这就是活着的意义""这就是生命的价值"。

卑微如尘土,怎么就成了活着的意义?
命途多舛,怎么就成了生命的价值?
明明是身不由己,为什么要大肆歌颂?
明明是一场悲剧,为什么要被曲解为励志剧?

苦难背后或许有很多原因,对于当事人,你可以心生怜悯,可以施以援手,但唯独不能把他们的苦难拿出来把玩,甚至是歌颂,这很缺德。

**贫穷是什么?是"真的没招了"。**
**苦难是什么?是"实在躲不开"。**

有些人把苦难的日子渲染成人生的补药,将千疮百孔的伤口描述成灿烂的花,还美其名曰"正能量",却从来不肯想一想:如果不是生活所迫,谁愿意以捡垃圾为生？谁愿意驮着几百斤的货物跑来跑去？谁愿意顶着寒风去上学？谁愿意"身残志坚"？

感谢贫穷、赞美苦难，就像在表扬一个下岗工人的勤俭节约，就像在称赞一个农民的艰苦朴素，这是毫无意义的。

人本来就不是能吃苦的生物。糟糕的经历只会让人变得自卑、敏感、没安全感，对工作的热情、对未来的期待、对世界的好感大大降低。

不要用"吃了多少苦"来界定成长，痛苦带来的成长是不值得感谢的。值得感谢的成长，可以是辛苦的，但不该是痛苦的。

觉得人必须吃苦才能变得高尚、变得崇高，这种想法不仅有害，而且有病。

所以奉劝诸位，做人别太装腔作势，以免"装"久了，忘了人话怎么说。

·2·

有个女孩，和男朋友相恋了八年，却惨遭男朋友的背叛，她痛苦了很久，后来埋头苦学，终于创办了自己的品牌，活成了人生赢家。

在庆功酒会上，女孩说："我很感谢当年经受的苦难，如果不是男朋友背叛了我，我可能还是那个一直依赖男朋友的小女孩，绝对不可能有今天的我。"

有个男孩成绩优异，考上了很好的大学，却因为突发的意外导致双腿瘫痪，他从志得意满变得郁郁寡欢。他一度觉得人生渺茫，但很快就重新振作了起来，他尝试将自己的遭遇和感受写成小说，最终赢得了广泛的赞许。

在新书的发行仪式上，男孩说："我很感谢这些年所经历的苦难，因为它成就了另一个更好的我！"

在所有"感谢苦难"的故事模式中，剧情不外乎某某的人生遭遇了重大变故，在巨大的痛苦面前，他们非但没有被打败，反而还成就了一番事业。于是他们说："感谢苦难。"这没什么问题。

有问题的是，很多人习惯性地将苦难的降临说成催人奋进的动力，把一个个悲惨的故事硬生生地说成了一曲曲苦难的颂歌。

面对同样的苦难，绝大多数人只是深受打击，从此消沉，只有极少数人才能战胜苦难，逆袭成功。这说明，使人蜕变的力量根植于人的内心，而非根植于苦难本身。

苦难就像牛粪。牛粪上能长出鲜花，那是鲜花自己美，牛粪依然是牛粪。我们不能因为鲜花好看，就去赞美牛粪。毕竟，在原野上、在湖畔边、在山涧里，都可以长出鲜花。

感谢苦难，就像是在感谢魔鬼。但你要明白，让你变好从来就不是魔鬼的目的，它只负责残忍地伤害你，而负责逃生或者涅槃的是你自己。

你该赞美的，是面对苦难的勇气，是走出苦难的努力，是对苦难的反思，是"穷且益坚，不坠青云之志"的决心，是"天行健，君子以自强不息"的坚忍。

苦难就是苦难，无论你给苦难冠上多么美好的形容词，也改变不了它糟糕的本质。人们磨炼意志，只是因为苦难无法躲避，不是因为它意义非凡。

**真正能给你撑腰的，从来不是你吃的苦头，而是丰富的知识储备，足够的经济基础，持续的情绪稳定，可控的生活节奏，以及永不言败的你自己。**

·3·

两千多年前，司马迁写了一篇《报任安书》，他说周文王被拘禁，所以写出了《周易》；说孔子因为困窘，所以写出了《春秋》；说屈原被朝廷放逐，所以留下了千古名篇《离骚》。

说得就好像是因为有了那些悲愤的经历，才成就了他们的传世之作；就好像某个人是因为穷困潦倒，是因为吃了足够多的苦，才会脱胎换骨，才会在人生的某个关口突然迎来转机；就好像一个人所有的成就都是由他人生中的诸多不幸换来的，就好像只要一个人经历了足够多的苦难，成功就会匍匐在他脚下。

但事实是，周文王在被捕之前，就已经是个"大智大慧"的人；孔子看似不受待见，但实际上官至极品；屈原即便没写《离骚》，也有无数的文字流芳百世。

学生时代的我们，都曾写过"歌颂苦难"或者"关于逆境"的作文，我们无数次地提及贝多芬、张海迪、爱迪生……

说得就好像贝多芬是因为丧失了听力才扼住了命运的喉咙，就好像张海迪是因为残疾才有了顽强的意志，就好像爱迪生是因为频繁的失败才有了无数的发明。

但事实上，能够实现人生逆袭的人只是极少数，有无数人因为丧失听力只能过着糟糕的人生，有无数人因为身体的残缺只能悲催地过一辈子，有无数的有志青年因为失败的打击从此一蹶不振。

痛或者苦，是我们的神经发出的信号，它告诉我们："现在的状况对你有害。"

如果说"痛苦使人伟大"，那无异于在说，"危险信号使火车高尚"。

如果仅凭厄运、委屈、愤懑，就能激发出超凡的才华，那大家还读什么书？学什么习？努什么力？直接把人抓去坐冤狱不就好了？

不管是出于什么缘故，也不管是落在谁的头上，苦难意味着当事人承受了巨大的痛苦，能在苦难中存活下来甚至做到逆袭，这样的人少之又少。

他们就像小说里的主角，无比幸运地做到了"置之死地而后生"，就像张无忌跌下悬崖，终于练就盖世神功；就像小龙女跳下绝情谷，终于解了情花之毒；就像杨过断臂之后，终于练成了黯然销魂掌……

但你要明白，这些只是小说里的桥段，现实中，人根本就没有主角光环，跳下悬崖，非死即残。

就像作家林奕含所说："我宁愿大家承认人间有一些痛苦是不能和解的，我最讨厌人说经过痛苦才成为更好的人，我好希望大家承认有些痛苦是毁灭的。"

**反正我的个人偏见是：如果没有遇到那些不好的人和事，我们其实会过得更好。而一直过得好的人，更容易成为好人。**

·4·

既然苦难不值得赞美，为什么那么多人都在宣扬"吃得苦中苦，方为人上人"呢？

因为我们吃了那么多的苦，虚掷了那么多的青春，走了那么多的弯路，撞了那么多次南墙，为了让自己能够坦然地接受这些辛苦、虚度和迷惘，我们就要骗自己，说"痛苦的经历是崇高的"，说"所有的曲折都是值得的"，说"没有白走的路"，我们想方设法将自己受的苦、吃的亏、走的弯路合理化，这样才能暂时逃离"无法掌控命运"的无助感，才能将自己从"人生怎么这么苦"的消极情绪里拽出来，才能让自己稍微好过一点。

但是，当你没有创造价值、没有解决问题、没有提升能力的时候，你所谓的"吃苦"，就像是在一片漆黑之中给喜欢的姑娘抛媚眼，不过是自欺欺人罢了。

再说了，苦尽不一定甘来，吃苦和享福之间没有必然的联系。好运气不会因为你遭受过厄运、历经了挫折就必然降临在你身上，那些有用的知识、技巧也不会因为你四处碰壁就归你所有。

人生有很多事情是不用体验的，尤其是吃苦。不是非得给自己安排一个糟糕的环境或者创造一个艰难的处境，你才能成才。

种子在合适的温度和湿度下才会发芽，人更是如此。如果外界环境恶化了，却依然要求自己保持成长的速度，这是不合理的。环境不合适，要么停下来，要么离开。不在寒冬里折腾消耗，才有可能等到春暖花开。

**切记，我们努力不是为了跳出舒适区，而是为了扩大舒适区。**

真正起作用的"经验"，是你做对了一次，成功了一次。

比如，篮球打得不错的人，一定经历过某次投篮命中让他感觉很爽；短视频做得有模有样的人，一定是某个视频火过一次；在某个领域混得风生水起的人，一定是他的某个方法起作用了，搞定了别人搞不定的问题，因此得到了表扬或者涨了工资。

所以，不管是交友、打球、玩滑板，还是考试、赚钱、开公司，你都要争取体会一次"成功的感觉"，这样你才能真正地入门。人只有成功一次，才更容易成功第二次、第三次……

换言之，失败不是成功之母，成功才是成功之母。

真正有意义的"吃苦"，是你首先确定一个"水多的地方"，然后在那个地方拼命挖井。在这个过程中，你放弃了纯粹的娱乐，放弃了无用的社交，放弃了不切实际的幻想,忍受了旁人的不理解、不支持,接受了不被关注和不被关心的事实,变得更有耐心,更有韧性,更能忍受孤独。

而不是以穿越了"沙漠"为荣。

**不管做什么,你的最终目的是获得幸福。如果你做一件事情时背离了这个初衷,你就需要审视自己。**

## 24. 收藏夹的意义：
## 你在朋友圈里又佛又丧，却在收藏夹里天天向上

Q：为什么你的收藏夹永远在"吃灰"？

·1·

每次看到"收藏夹"三个字，我总能想到仓鼠这种"小可爱"。作为著名的吃货，仓鼠无时无刻不在囤积食物，随着腮帮子和肚皮慢慢鼓起来，它的"鼠生"似乎也因此拥有了更多的安全感。据说这种体重几百克的野生小家伙，囤积的食物重量能达到它自重的近千倍。

不知道从什么时候开始，仓鼠将这种"酷爱收集的毛病"传染给了人类。跟仓鼠不同的是，我们囤积的不是食物，而是各种链接、短视频、图片、段子、文章……我们乐此不疲地将各种各样的信息塞进各种各样的App收藏夹里，像极了"数字仓鼠"。

"这个写作技巧不错，赶紧收藏！"
"这份健身指南不错，赶紧收藏！"

"这个旅游攻略不错,赶紧收藏!"

"这十本你可能没看过的好书,值得一看再看,赶紧收藏!"

"利用好这 8 款 App,你会变得越来越牛,赶紧收藏!"

"100 元以内让生活品质飙升的好东西清单,赶紧收藏!"

"整理几个自学网站给你!让你也成为一专多能无缺陷的斜杠青年,赶紧收藏!"

"中国 213 个 5A 级景区,存起来吧!去过 10 个算你厉害,赶紧收藏!"

**久而久之,你在朋友圈里又佛又丧,却在收藏夹里天天向上。**

"点赞收藏"或者"立 flag"的那个人,其实是"理想的自己"。

这个"理想的自己",是能做到早睡早起、做事不拖延、工作学习效率高的,是能够很好地利用收藏夹的内容,并最终掌握某项技能,实现预期目标,完美地完成所有计划的。

但真正负责执行的却是"现实的自己"。

这个"现实的自己"很可能是懒惰的,是喜欢拖延的,是缺少专注力的,是容易情绪化的。一旦这个"现实的自己"受挫了,厌倦了,情绪不佳了,犯懒了,就会偷懒,就容易健忘,就会习惯性地拖延,直至完全放弃。

结果是,越来越大的存储容量在毁掉值得一看的视频和照片,越来越便捷的收藏夹功能在毁掉值得一阅的文章,越来越高的书架在毁掉值得一读的书籍。

因为"攒起来"会造成"我拥有很多"的错觉,"收藏起来"会使人产生"我已经学会"的错觉,进而导致永久性的看不见、想不起、找不到。

·2·

为什么我们喜欢"收藏"?
因为"收藏"有强大的"安慰"效果。

当你想要变好的时候,收藏有关读书、健身、技能、美白的视频,会让你觉得自己马上就能变好了。
当你受挫的时候,收藏那些励志的句子、热血的演讲,会让你重燃信心。
当你被某人欺负之后,收藏一篇解恨或者豁达的文字,会让你瞬间释怀。
当你觉得无聊的时候,收藏一些趣味性很强的文章或者生动的长视频,会让你觉得自己变有趣了。

"明知道不会再看,但还是会大量地收藏"和"明知道很难实现,但还是会频繁地立 flag"的心理是一样的,都是在骗自己。因为这种行为会给你带来满足感、成就感、获得感,所以你会如此痴迷地重复这个自欺欺人的过程。

你在堆满干货的书籍和文章链接里得意扬扬,仿佛自己已经掌握了这些干货,甚至会产生"我已经处于文明最前沿""我已经通晓所有的真理"的错觉。
但接下来,你心安理得地点开了另一个幽默有趣的搞笑视频,至于刚刚收藏的干货教程，"下次再说吧、有空再看吧"，反正已经收藏了，这就足以给你带来一种"明天会更好、前途很光明"的错觉。

收藏夹就像一座"冷宫"，再好的知识、再有用的方法、再有趣的段子，一旦被你"打入"其中，你就很少再去逛了。

你的收藏夹里码了满满的文章链接，而这些链接你自己从来没有打开过，收藏的书也没有找出来读过，打算看的电影也依然被各种综艺节目和电视剧替代着。唯一能够坚持到底的健身项目，大概就是收藏各类健身视频。

**结果是，你陷入了"点赞收藏—自我满足—闲置吃灰"的死循环里。**

人性就是这样，一旦看到好东西，就会很兴奋，但又不确定自己"用不用得上""弄不弄得懂""看不看得完"，所以不管三七二十一，直接塞进了收藏夹里，当时的心里话是"有时间再看"或者"万一将来有用呢"。

即便后来真的点开了，也会发现它跟自己想象的完全不一样。

收藏了如何搞定思维导图的文章，可读完还是云里雾里，无法为工作学习所用；

收藏了如何建立知识体系的文章，可关闭后才发现自己连如何获取知识都一无所知；

收藏了 Office 技巧，但十有八九都是用不着的，真要用的时候，根本就想不起来曾经收藏过。

你常犯的一个错误就是：总以为来日方长。于是，你把很多美好的计划束之高阁，然后安慰自己"有时间了一定……""下次一定……"，可是你好像永远也等不到"有时间"和"下次"。

你收藏了各种养生调理指南，却并没有停止熬夜加班；你想着忙完这阵就可以喘口气，好好照顾自己，但事实上，等忙完这一阵，就要开始忙下一阵。

那个收藏了一堆书单的上进的你，临睡前刷完手机时间就不多了，只能把阅读计划往后延；

那个收藏了各种精美食谱的你，每天上班前一阵忙乱，下班回家后只想躺着，只能把做饭计划往下周拖；

那个收藏了写作技巧的喜好文学的你，也总是等不来可以研究干货的时间。

**你匆忙地赶路，把想要的生活和想成为的自己一键收藏了事，幻想着未来某一天会重新打开它，实现自己的雄心壮志。但随着时间的流逝，你的收藏夹越来越"肥"，你的脑袋却空空如也。**

· 3 ·

为什么收藏夹总是逃脱不了"吃灰"的命运？

因为收藏从未停止，但行动从未开始。

因为马上去弄懂相关知识，需要你花费大量的时间和精力，而一键收藏所获得的满足感、成就感显然来得要快很多。

收藏之后,"意念学习"的模式开启,似乎收藏了就等于学会了。

因为人性就是"喜新厌旧"的。

精品的文章到处都是,好玩的视频随处可见,新鲜的幺蛾子频繁涌现,这些东西远比"已经看过的东西"更吸引你,所以你宁可把时间都花在寻找"新事情"上,也不愿回味旧事情。

《怦然心动的人生整理魔法》一书中提到,一个人不愿扔东西,是因为他无法判断,对现在的自己来说,什么是需要的、什么是多余的、什么是重要的。所以,他不需要的物品就会不断增加,结果无论是物理层面,还是精神层面,他都会被大量不需要的东西淹没。

**糟糕的是,你收藏夹里久存不用的东西越多,你眼里真正重要的东西就会越少。**

那么,该如何利用收藏夹呢?我推荐 5 个亲测有效的方法:

1. 设置收藏夹的容量,提高收藏的门槛。

超额的或者质量堪忧的内容,要强制自己尽早删除,这样能大幅提高收藏夹的质量。

2. 设置收藏夹的"寿命"。

比如,设定某个收藏夹三天之后自动清零,这样能逼迫自己及时摄取收藏夹的"营养"。

3. 给收藏夹分类。

"一键收藏"和"点赞收藏"是很方便，但毫无章法地收藏会给后期整理造成很大的麻烦。所以给收藏夹分类，非常有利于后期的整理和复习。

4. 养成定期整理收藏夹的习惯。

可以是每天，可以是每周，可以是每月整理一次。日积月累，你的收藏夹会越来越空，你的脑子会越来越充实。

5. 尽可能地少用"收藏"功能。

遇到你认为有用的东西，如果你有感触，就马上在电脑或手机里写下来；如果你暂时没感觉，就把你看到的内容摘录出几段话，记在小本本上；如果内容很长，就打印出来，放到你随手可及的地方。这也许不能保证"你会看"，但能大幅提高"你会看"的概率。

不管你是觉得将来也许有用，还是害怕自己不知道这些有用的内容，都要提醒自己两点：

一、很多内容其实并没有想象中那么重要；
二、学到手的东西才是真正属于自己的。

**见识并不是来源于你点开了多少网页、收藏了多少文章，而是来源于你能踏实地看完一本书，脉络清晰地了解一个新闻事件，之后，提炼出一些观点，并形成自己的东西。**

成熟是经历，而不是道听途说；知识要吸收，而不是放收藏夹里。

希望有一天，你能从"收藏夹吃灰爱好者"转变为"收藏夹学习者"，而不再是坐拥海量"……必备小技巧""高分推荐书单"的"知识伪富豪"！

## 25. 拯救你的专注力：
### 任何消耗你的人和事，多看一眼都是你的不对

Q：习惯胡思乱想的人如何集中注意力？

·1·

你本来是想好好读一本书的，你戴好耳机，开始播放你喜欢的歌，同时你翻开了书的第一页。

音乐的每一拍都拍在了你的痒痒肉上，这让你很享受，于是你跟着哼了起来，直到整首歌放完，你才把注意力拉回到书上。

读到第二行字时，耳机里有一句歌词让你突然想起了好久没见的某某。于是你赶紧拿出手机，找到他的头像。你想跟他聊几句，可你有点犹豫，因为你不知道如何开场，也不知道一旦开始问候要如何收场。

于是你点开了他的朋友圈，一条一条地往下翻。幸好他设置了"仅半年可见"，所以你只花了十分钟就逛完了。

你若有所失，因为他的生活跟你没有任何交集。于是，你把注意力再次拉回到书上。

PART 5：上香和上进有冲突吗？ | 273

读到第三行字，你妈妈回家了，给你带了你爱吃的榴梿比萨。

在食物的诱惑下，你放下了书，左手抓着比萨，右手刷着热搜。然后一边大快朵颐，一边向母亲大人表达感激。

又过了 10 分钟，美味下肚了，你的注意力又回到了书上。

读到第四行，好朋友发来了信息，说想约你一起吃个饭。你本来是想拒绝的，但你怕伤了对方的热情。

于是，你开始搜寻好吃的店铺，你看了排行榜，看了不同商家下面的评论，终于找到了一个评分很高同时还符合你们俩胃口的，你正准备把位置发给对方，不料对方先发来信息了："哎呀，突然有点事情要忙，下次再约吧。"

你说不上是因为不用出门而开心，还是因为临时被放鸽子而失落。但好处是，你的注意力终于又回到了书上。

读到第五行字的时候，你想起要把刚刚搜到的店铺收藏起来，下次跟朋友约会的时候就不用这么费力去找了。

你点开那个软件之后，弹出了另一家店铺的推荐，你关掉了，又弹出一家，你点开了，但你觉得"也就那样"，在你打算关掉软件的时候，手机弹出来一条热搜："某某和某某有孩子了"。

你感觉很震惊，赶紧去看个究竟。可你对网络信息始终是半信半疑，于是你顺着热搜开始"挨家挨户"地查阅，最后得出的结论是："这个人真傻啊"或者"这个人真渣啊"。

当你的注意力再次回到书上，你已经没有继续阅读的动力了，甚至都想不起来刚才读了什么。

你只想闭着眼睛休息一会儿，或者吃点零食过过嘴瘾。可没到 3 分钟，你又忍不住拿起了手机……

结果是，你那宝贵的休息时间被白白糟蹋了，你既没有读书，也没有约会，甚至连起码的休息都没有。

你只是觉得疲惫，觉得浮躁，觉得生活没意思。

再回想最近几年，似乎天天都是这样：

一天 24 个小时，有 16 个小时都处在"掉线"的状态；一天拿起手机 200 回，有 180 回不知道拿手机要做什么。

你的常态是，手机打着游戏，电脑放着综艺，在玩手机、看视频的同时，又在回复很多人的消息。

你感觉自己很忙，但不知道在忙什么；你感觉自己很累，但似乎又没做什么。

平均每 14 分钟，你的注意力就会转移一次；对于不感兴趣的人和事，你的注意力甚至坚持不了 10 分钟。

在网上看到"八卦"时，你的注意力只能维持 6 分钟；看电视平均 7 分钟后，你就会不自觉地拿起手机；老母亲在电话里催婚、催生，你其实刚听了 2 分钟就已经神游外太空了……

**除了生物钟失调、肠胃失调、发际线失调，这一届年轻人的注意力也"失调"了。**

## ·2·

为什么集中注意力是一件很难的事情?

因为你常年都在训练"分心"这项技能。

你没看错,容易分心是你自己训练出来的。就像认字、写字、打篮球、跳舞一样,训练久了,你就会变成高手。

很多人时时刻刻都在分心、走神的状态里,也就是说,你每天训练了十几个小时,一练就是十几二十年,那你当然就变成了"分心的高手""走神的专家"。

因为你不喜欢正在做的这件事。

比如阅读一篇晦涩难懂的论文,上一节没意思的选修课,学一个不知道有什么用的软件,看一本节奏慢得难以忍受的小说……

你的五官觉得不舒服,你的大脑不兴奋,你的身体也不开心,所以它们就会联合起来"搞事情",让你分心、走神,让你做点别的事情来哄它们开心。

因为生活的节奏太快了。

快节奏的生活让你安静不了,也慢不下来,你希望能够"快速获取信息""快速掌握技能",结果是,你习惯了这种快节奏的生活,也习惯了让别人帮忙解答问题、做出决定、得出结论。所以你的周围充斥着"21 天养成……""半个月学会……""1 小时搞懂……"。

这些经过深加工的"美味佳肴",在不知不觉中弱化了你的阅读能力和思考能力,让你在处理现实问题时变得茫然无措。

因为你的"摄入"出了问题。

高热量、高糖分的食物是物质世界的垃圾食品,碎片化、刺激性的内容是精神世界的垃圾食品。

专注力差和身材走样的原因很像。身材走样是身体缺乏锻炼,加上吃了太多的垃圾食品。

而专注力差是"大脑缺乏锻炼",加上摄入了太多精神世界的垃圾食品。

因为分心是人的天性。

人本来就是爱分心的动物,我们的血液里仍流淌着狩猎时期四处觅食的动物本能。

我们的祖先需要眼观六路、耳听八方,才能在危机四伏的大自然中生存下去,他们恨不得把注意力分成一百份,因为他们既需要到处寻找食物,还需要随时发现威胁,这两者都是事关生死的大事。

即便是进化到了现在,人类的专注时间也只有半个小时左右。

因为世界太喧嚣了。

每天一睁开眼睛,你就已经毫无防备地跌入一片信息的汪洋。互联网席卷着资讯的风暴,充斥于你的所有电子视窗,渗透进你生活的每一条缝隙,吸走了你大部分的精神能量。

你把热搜当成每天必刷的首要任务,把朋友圈里的鸡零狗碎当成每日的必读清单,把随时响起的通知和电话铃声当成中止工作的信号……

结果是,你貌似很努力地感知人间美好,可是体验却变得越发浅薄,继而在工作上陷入低效、焦虑的陷阱中,在生活中陷在乏味、无聊的死水里。

**切记,手机不会帮你打发掉碎片化的时间,只会把你的时间打成碎片。**

·3·

碎片化时代的特点是:有热点,无焦点;有热度,没高度。

如果你没有完整的知识体系,没有明确的目标和任务,那么你就会一直被这碎片化的浪潮裹挟着东奔西走,在"注意力抢夺战"这种游戏里,你就会一直被别人玩。

事实上,我们每时每刻都在跟周围的世界争抢注意力。

你打开一个 App 查地图,会弹出来一堆美食广告;你点开一篇文章,下面会附带一堆的"大家都在看"或者"猜你喜欢"。

如果你点开了链接,看似"学到了更多""知道了更多",实际上却"不知道自己在干什么"。

**没有专注力的人生,就像是睁大了双眼,但什么也看不见。**

专注力就像黑夜里的手电筒,它照亮了什么,你就会关注什么。

所以,你既要屏蔽外在的干扰,比如大量的娱乐信息,又如无用的社交信息；又要屏蔽内在的干扰，比如不坚定，又如想太多。

不要依赖别人灌输给你的想法和观念去生活，不要遵循别人设计好的软件使用习惯去应用，也不要沉迷于通过消费、娱乐来获取多巴胺。

不管是选择放松，还是选择专注，最好是由你的大脑来决定，而不是被你的眼睛、耳朵牵着鼻子走。

你对无关紧要的人和事保持冷漠，才能成全你对在乎的人和事保持温度；你为自己想要的东西忙前忙后，就没时间为不想要的东西忧心忡忡。

**你的专注力停在哪里，你的能量就会流向哪里。把注意力收回到自己身上的时候，力量也就回来了。**

·4·

几乎每个人都被要求"要专心学习、要专心写作业、要专心看书、要专心工作"，可从来没有人教过我们：如何才能做到专心。

我总结了 6 个亲测有效的、能够拯救专注力的方法，希望对你有用：

1. 成为参与者。

比如，上课的时候，你怕自己走神，那就跟老师互动，默默重复老师某句话中的关键词，跟着老师的思路做笔记，尽可能多地和老师产生眼神交流。

又如，背单词的时候你怕分神，那就发出声音来，读它的音调，读包含这个单词的句子，然后想象这个单词可能用到的场景，甚至可以一人分饰两角，演一段情景剧。

再如，读书的时候你怕分心，那就给喜欢的句子画线，写下阅读时的心得，记录不理解的地方；还可以采用自言自语的方式："这段话是在讲什么呢？哦，原来是这个意思""这句话是专门为我准备的吧，我一会儿要用它发个朋友圈""这个地方写得太好玩了，来，赏你一条下划线"。

总之，不要让自己只是一个没有任务、没有台词、没有表情的观众，要跟你专注的对象或者事情互动起来，假装自己是主角，或是导演。

2. 一个时间段内只给自己安排一个任务。

学习的时候，一边看学习视频，一边刷搞笑段子，这就相当于减肥的时候，一边吃沙拉，一边吃炸鸡，是起不到什么效果的。

人的大脑很难同时专注于多个任务。所以，吃饭的时候不要追剧，追剧的时候不要玩手机，玩手机的时候不要开车，开车的时候不要听广播，一个时间段内只给自己安排一个任务，然后去接收这个任务产生的丰富信息，包括细细品尝食物的味道和口感，细心去看影视剧里面的细节和伏笔，认真感受轮胎跟地面接触的轻微震动……

**拯救专注力，最难的不是"要做什么"，而是"不做什么"。**

3. 调整"摄入"。

街上充斥着抢眼的招牌、广告；网上堆满了极富冲击力的视频、音乐，手机里时不时蹦出来耸人听闻的文章、观点，以及铺天盖地的新闻和热点……

这些东西给了你充分的刺激感，让你很兴奋，很沉迷。一旦习惯了这种刺激，那些不刺激的东西就很难入你的眼了。

所以，你要主动去摄入一些刺激小的内容，可以啃专业书、慢跑、坚持写作、安静地看纪录片、听轻音乐……

4. 营造专注的氛围。

这个氛围既包括周围的环境，也包括内心的世界。它可以帮你隔绝噪声，防止不必要的打扰，甚至可以帮你节约口水。

比如，选择一个不被人关心照顾，同时也不需要关心和照顾别人的地方；为自己预留一个没有网络，也没有联络的时间段。

比如，戴上耳机，把手机放在视线之外，关闭各类提醒，卸载容易沉迷的软件。

比如，远离热搜的评论区，不跟陌生人争辩，不轻易地点评和指责他人。

比如，不在意他人的眼光，不活在别人的嘴里，不把人生的裁判权交给外人。

是的，任何消耗你的人和事，多看一眼都是你的不对。

5. 节约意志力。

意志力是宝贵的消耗品，所以尽量不要做消耗意志力的傻事，比如买东西时过分比价，受委屈了忍着不说，拍自己看不起的人的马屁，跟人比较吃穿住用，以及假装厉害、假装内行、假装不在乎……

我们无法在消极的想法里活出积极的人生，也无法在拧巴的状态中活出

PART 5：上香和上进有冲突吗？　　281

通透的人生。

6. 及时把注意力拉回来。

需要承认的是，保持专注是一件很困难的事情。人难免会有吃着碗里、想着锅里的时候，难免会在忙碌的时候想放假了要去哪里玩、放假的时候又没完没了地为工作担忧。

重要的不是不走神，而是在走神之后，及时把注意力拉回来。比如问问自己："你不想要了吗？""你打算这辈子就这样了吗？"

你还可以反复跟自己强调"我是谁"和"我想要什么"，就像《西游记》里，唐僧说了无数次："贫僧自东土大唐而来，去往西天拜佛求经。"

**希望你早日明白，很多事情做不成，缺的不是时间和机会，而是专心致志。**

## 26. 凡事发生皆有利于我：
### 允许一切如其所是，也允许一切事与愿违

Q：为什么有些人可以永远保持积极的心态？

·1·

不想结婚、不想生孩子，后果有多严重呢？就像狐狸不会生鸡蛋，就像大象不会扭秧歌，就像猴子不会开火车，那又能怎样？

嫌弃自己不够好、嫌弃自己太内向，该怎么办呢？就像嫌一只英短的毛不够长，就像嫌一个勺子没有齿，就像嫌一个足球不能当茶几，那又能怎样？

有一种非常高级的心态叫"凡事发生皆有利于我"。这种心态的核心是：不管好的坏的，但凡已经发生的事，都能找到它的意义。

焦虑也可以看成是好事，敏感也可以看成是天赋，嫉妒也可以视为一股力量，粗心大意也可以看成是福气，"社恐"也可以当作一种优势。

被分手了，可以视为"有福之人不入无福之家"；被人骗了，可以视为

"花钱免灾"；工作受挫了，可以视为"老天在善意提醒此路不通，需要掉转方向"。

带着"凡事发生皆有利于我"的心态生活，你就能从消极的事件里找出积极的东西，从本应该悲观的情绪快速地调整到积极的频道，从别人的糟糕反馈中得出正向的结论。

不管这个世界怎么打击你，在你的内心深处，总有更强大、更坚定的东西在默默地反击。

**所以，当你怀疑自己的时候，请反复诵读，"凡事发生皆有利于我，利我强大，利我坚忍，利我稳重，利我逢凶化吉，利我无坚不摧"。**

· 2 ·

抱着"凡事发生皆有利于我"的心态，你就可以停止容貌焦虑。

有个好看的姑娘请我喝咖啡，但她的表情不太自在。于是我调侃道："你这板着的脸，可以煎个鸡蛋，或者摊一张饼了。"

她咯咯地笑，然后讲起她的糟心事："只要照镜子超过一分钟，我就能给自己挑出一堆毛病——鼻子不够高，下巴太短了，眼睛太小了，大牙比其他的牙齿宽了一丢丢……"

我回复她："可正是因为这样，你才是你呀。"

她说:"有的讨厌鬼经常说我,什么腿太粗了,脖子太短了,没有腰线……啰里吧唆地讲一堆,烦死人了。"

我回复道:"下次碰到了,你就回他:我长这样又不是给你看的!"

你的身体不是别人的景观。就算你把所有的缺点都按照世俗的标准或者流行的标准"改"了,依然会有人揪着你的一个缺点否定你。

即使你通过最复杂的整容手术变成了某个人觉得顺眼的样子,但由此引起的惨烈后遗症和高昂的代价全部由你一人承担。

事实上,你焦虑的不是"我到底美不美",而是"我在别人眼里美不美"。于是,为了得到别人的认可,你对自己下起了狠手。

有人吐槽一句"胖",你就开始疯狂减肥;有人吐槽一句"脸形不上镜",你就去改变脸形;别人说喜欢双眼皮,你就去开个大双眼皮;别人说"一白遮百丑",你就不断地去做全身美白……

为什么会出现容貌焦虑?我猜有以下 5 个原因:

1. 因为你习惯了以别人的眼光和标准来评价自己。只有在别人"哇哦"的赞美声中,你才会觉得自己"还挺好看的"或者"还挺优秀的"。

2. 因为你不知道自己的价值在哪里,只好将自己的价值和容貌捆绑在一起。这也解释了"为什么很多电视剧总喜欢给男主角或女主角设定一个高贵的身份",因为不知道如何演绎清白的人品,所以只能演绎清白的身体;因为不会讲述高贵的灵魂,所以只会讲述高贵的身份。

3. 因为你不知道什么是美。别人说"瘦了好看"的时候，不够瘦的你就会焦虑；别人都夸"A4腰美"的时候，没有A4腰的你就会焦虑；别人都说"双眼皮好看"的时候，单眼皮的你就会焦虑。就像是一百多年前，裹小脚的女人之所以会认为小脚好看，是因为大家都那么说。

4. 因为你需要为失败的人生找一个合理的借口。你会觉得"如果我不长痘，肯定能面试成功""如果我像某某一样好看，那个机会一定是我的"，却忽略了容貌从来不是决定性因素，至少不完全是，更重要的因素是你的能力、人品和教养，但是它们都被你用容貌作为挡箭牌给挡住了。

5. 因为你的身边充斥着奇奇怪怪的攀比和怂恿。打开各种软件或网页，会有无数的美妆博主和带货网红。教化妆的告诉你如何遮瑕、如何遮痘；教护肤的告诉你如何美白、如何去黑头；教减肥的告诉你如何瘦身、如何拥有"直角肩"、如何变成"白幼瘦"、如何消除"麒麟臂"和"水桶腰"……

久而久之，你开始审视镜子里的自己，你开始挑剔自己，开始忧愁起来，开始效仿，开始买这买那，开始发现这些东西效果甚微，甚至开始出现副作用……于是，你更焦虑了。

容貌焦虑的核心是"你怕不被爱、怕被比下去"，所以误以为"我要足够好看，才值得被爱；我要足够瘦，才能符合别人的期待"，却从来不好好想一想："以我的骨架和气质，那样的体形合适吗？""形销骨立，筷子一般的腿，真的有美感吗？"

我的建议是，与其追求跟自己不相符的体重和曲线，不如更新自己的审美标准，增加自信的来源，去读书、旅行、赚钱，以及再三跟自己确认："我爱美的目的，是让自己更喜欢自己。"

当你开始喜欢自己，自然就会自信满满。"我皮肤变白了，这挺好的；我皮肤不够白，也挺好的。我身材比例好，太棒了；我身体比例不太协调，也挺好的。我举止得体、穿着优雅，这挺好的；我穿着随意，但是舒服，也挺好的。"

反之，当你陷在自惭形秽的情绪里，你就会反复地攻击自己："我白是白，但是跟得了病似的；我高是高，但跟一只呆鹅似的；我身材是不错，但脸形太难看了；我的站姿挺好的，但说话的声调很像大妈。"

为了所谓的婀娜多姿而过着病态的生活，为了所谓的曼妙身姿去扭曲或者切割自己的身体，这无疑是在强行给自己的生命打折，是急着去阎王那里当劳力。

**新时代的健康标准是：四肢发达，能够抵抗疾病；头脑简单，能够减少内耗；情绪稳定，能够灵魂安然。**

哦，对了。

我反对容貌焦虑，反对的只是焦虑，不等于我反对"好看"。

无论男女，好好打扮，保持身材，都是值得去做的事情，在这个看脸的世界里，说外表不重要一定是骗人的。外在好看是我们递给这个世界的名片。

更重要的是，外在好看，它既不廉价，更不容易。

外表整洁，一定是有良好的卫生习惯；穿搭和谐，一定是有不错的审美；表达流畅且有内涵，一定是读过不少书；举止有教养，一定是对待事物积极乐观，并且心怀善意。

如果再有人攻击你的外貌，你不妨来一段rap（说唱）："你白你白你最白，人死三天都没有你白；你瘦你瘦你最瘦，连盒子带灰两斤六；你毛多你毛最多，猴子见你都得喊大哥……"

·3·

抱着"凡事发生皆有利于我"的心态，你就会"享受自己做的选择"。

有个女强人去做按摩，给她按摩的是一位大姐。

按了没多久，女强人突然说："大姐，你看我腰上有什么？"

大姐仔细看了一下，说："没什么呀。"

女强人叹了一口气，说："有个隐形的发条，老板拧一下就得熬夜加班，客户拧一下就得弯腰道歉，孩子拧一下就得蹲下来哄她。唉，真的快要累死了。"

结果大姐说了一段话，让女强人大为震惊："每个人都有发条，不管是灵魂还是皮囊，都是这样的。别人拧就是被动挨打，自己拧就可以当作锻炼身体。同样是加班，自愿加班那叫奋斗；同样是维护客户，自愿去维护那叫成长；同样是陪孩子，自愿去陪，那叫一起玩。"

是的，心不由己，身又怎么会由己呢？反之，心由己了，身就由己了。

生而为人，你要想活得轻松，就一定要学会享受自己做的选择，要瞄准这个选择里快乐的部分。在该玩的时候就开开心心地享受，在该工作的时候就踏踏实实地努力；在爱的时候就认认真真去爱，在不爱的时候就干脆利落地分开。不瞻前顾后，不畏首畏尾。

加班的时候想吃夜宵，那就不要想"哎呀，会不会胖"的事情，尽管去享受美食；周末想摆烂，那就别焦虑周一的早会，大大方方地躺平。

选择一份工作，图高薪或者图清闲都可以，但你不能天天"摸鱼"却想着高薪福利，也不能拿着高薪却盼着毫无压力。

选择一个恋人，图长相或者图家境都没问题，但你不能因为长相选择了一个人，又抱怨人家没钱，或者因为家境选择了一个人，却又怪人家没情调。

**所有心里的痛苦和纠结都只是在警告你，你的生活违背了你的本心。**

·4·

当你抱着"凡事发生皆有利于我"的心态，你的脑子里就会经常涌现出"没必要"：

看到有人贩卖成功，你会提醒自己："没必要拿别人的地图找自己的路"。

因为你知道人生没有标准答案。有的人住在豪宅里却活得像终身逃亡，有的人居无定所却过着安定的生活；有的家庭坐拥大把金钱却把日子折腾得乱七八糟，有的家庭用几根面条就足以撑起热气腾腾的日子。

有问题想不通，你会提醒自己："没必要揪着不放。"

因为你知道越是在意它，那它就是一堆巨大的、纠缠在一起的藤蔓，让你难以脱身；而越是不在意，它顶多是个打了结的头发丝，一梳就顺了。

遇到了厉害的人，你会提醒自己："没必要在他们面前装模作样。"

因为你知道，但凡跟自己段位差不多又或者段位高出自己一点点的人，一眼就能看出自己到底有几斤几两。

有人对你的选择说三道四，你会提醒自己："没必要向不重要的人证明自己。"

因为你明白，渴望别人的认可就相当于给了他们控制你的权力。他们将大拇指朝上或者朝下指，你就认为那是对你个人价值的最终判定。

事情尚未发生，你会提醒自己："没必要提前焦虑。"

因为你知道，对尚未发生的事情过分期待，就像是点名的时候说"没来的请举手"。

为尚未发生的事情提前操心，就等于是，还没受伤，你就喊痛。

正如周国平说的那样："在所有的人生模式中，为了未来而牺牲现在是最坏的一种，它把幸福永远向后推延，实际上是取消了幸福。"

对现状不满，你会提醒自己："没必要怨天尤人，谁都不容易。"

小时候拥有想象的自由，但没什么钱；长大了拥有物质的自由，但没什么闲。无论几岁的人生，都有它的牢笼和宇宙。

随着年龄的增长，生活的关键除了反抗，还有接受。

接受雨天没带伞，接受快迟到了却赶上堵车，接受解释了半天却依然不被理解，接受付出了真心但不得不分道扬镳，接受小心翼翼但还是出了错，接受竭尽全力但结果还是不尽如人意。

当你学会了接受，你就会发现自己比"我偏要、我就要"的时候轻松了一大截，也厉害了一大截。

**快乐的秘诀就是，凡事不要太用力。做事情不急着要回报，交朋友不着急掏心掏肺，谈恋爱不时时绑在一起，过日子不事事追求完美。老天给你，你就欢天喜地；老天没给，你也不干着急。打理好"自己的事"，少去管"别人的事"，以及不操心"老天的事"。**

## 图书在版编目（CIP）数据

人一旦开了窍，人生就开了挂 / 老杨的猫头鹰著. -- 北京：北京联合出版公司，2024.5（2024.12重印）
ISBN 978-7-5596-7530-9

Ⅰ.①人… Ⅱ.①老… Ⅲ.①心理学-通俗读物 Ⅳ.① B84-49

中国国家版本馆CIP数据核字(2024)第062515号

### 人一旦开了窍，人生就开了挂

作　　者：老杨的猫头鹰
出 品 人：赵红仕
责任编辑：管　文

---

北京联合出版公司出版
（北京市西城区德外大街83号楼9层100088）
河北鹏润印刷有限公司印刷　新华书店经销
字数233千字　700毫米×980毫米　1/32　印张10
2024年5月第1版　2024年12月第4次印刷
ISBN 978-7-5596-7530-9
定价：45.00元

---

版权所有，侵权必究
未经书面许可，不得以任何方式转载、复制、翻印本书部分或全部内容。
本书若有质量问题，请与本公司图书销售中心联系调换。电话：（010）82069336